Duden

Einfach klasse in

Mathematik

Wissen • Üben • Testen

9. Klasse

2., neu bearbeitete und erweiterte Auflage

Dudenverlag
Mannheim • Leipzig • Wien • Zürich

Bildnachweis:
Bibliographisches Institut, Mannheim: S. 39
DUDEN PAETEC, Berlin: S. 109
DUDEN PAETEC, Berlin / G. Liesenberg: S. 109

Bibliografische Information der Deutschen Nationalbibliothek
Die Deutsche Nationalbibliothek verzeichnet diese Publikation in der Deutschen Nationalbibliografie; detaillierte bibliografische Daten sind im Internet über http://dnb.ddb.de abrufbar.

 D C B A

Redaktionelle Leitung Martin Bergmann
Redaktion Anika Donner, Dr. Wiebke Salzmann
Autoren Michael Bornemann, Karin Hantschel, Lutz Schreiner

Herstellung Annette Scheerer
Layout Horst Bachmann
Umschlaggestaltung WohlgemuthPartners, Bremen
Umschlagabbildung Gettyimages, Laurence Mouton

Satz Katrin Kleinschrot, Stuttgart
Druck und Bindung Offizin Andersen Nexö Leipzig GmbH
Printed in Germany

ISBN 978-3-411-72572-4

Inhaltsverzeichnis

INHALT

INHALT

1 Reelle Zahlen

1.1 Irrationale Zahlen

Quadrieren ist das Multiplizieren einer Zahl a mit sich selbst: $a \cdot a = a^2$.

$5 \cdot 5 = 5^2 = 25$
$(-2) \cdot (-2) = (-2)^2 = 4$
$0 \cdot 0 = 0^2 = 0$

Es gilt stets: $a^2 \geq 0$.

Ein Quadrat mit der Seitenlänge a hat den Flächeninhalt $A = a^2$.

Quadrieren funktioniert immer! Du kannst zu jeder rationalen Zahl a eine rationale Zahl a^2 finden.

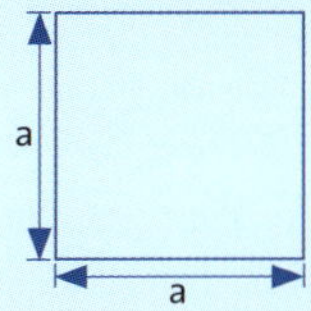

$A = a \cdot a = a^2$

Die **Quadratwurzel** (kurz: **Wurzel**) aus einer nicht negativen Zahl a ist diejenige nicht negative Zahl c, die quadriert die Ausgangszahl a ergibt: $c^2 = a$.

$\sqrt{9} = 3$; da $3^2 = 9$; a = 9; c = 3
$\sqrt{1{,}44} = 1{,}2$, da $1{,}2^2 = 1{,}44$; a = 1,44; c = 1,2

Merke: $\sqrt{0} = 0$; da $0^2 = 0$

Für alle $a \geq 0$ gilt: $(\sqrt{a})^2 = a$.

$(\sqrt{11})^2 = 11$

Der Ausdruck unter dem Wurzelzeichen heißt **Radikand.**

$\sqrt{1{,}44}$: Der Radikand ist die Zahl 1,44.

Merke: Da das Produkt zweier negativer Zahlen positiv ist, kann man aus negativen Zahlen keine Wurzel ziehen.

$(-4) \cdot (-4) = 16$ und $4 \cdot 4 = 16$
$\sqrt{-16}$ ist nicht definiert.

Ist a eine beliebige rationale Zahl, dann gilt: $\sqrt{a^2} = |a|$.

$|3| = 3$; $|-3| = 3$ $\quad \sqrt{3^2} = |3| = 3$
$\sqrt{(-3)^2} = |-3| = 3$

Quadrieren und **Wurzelziehen** sind zueinander entgegengesetzte (inverse) Rechenoperationen.
Beim Wurzelziehen wird zu einer Zahl a die Zahl x bestimmt, die mit sich selbst multipliziert a ergibt.

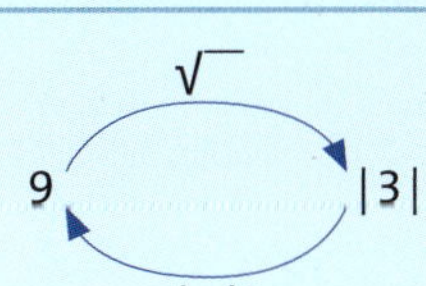

$\sqrt{4} = 2$; $\sqrt{0{,}5184} = 0{,}72$

Du kennst bereits einfache quadratische Gleichungen der Form $x^2 = a$.

$x^2 = 4$; dann gilt: $x = 2$ oder $x = -2$;
$x^2 = 9$; dann gilt: $x = 3$ oder $x = -3$

Wurzelziehen führt zu irrationalen Zahlen.
Es gibt viele Gleichungen der Form $x^2 = a$, die *keine rationale Zahl* als Lösung für x haben.
Die Lösung solcher Gleichungen lässt sich nicht als Bruch darstellen.

Du erinnerst dich: **Rationale Zahlen** können entweder als

- abbrechende Dezimalbrüche oder als
- nicht abbrechende, periodische Dezimalbrüche dargestellt werden.

Merke: Jede rationale Zahl lässt sich als Bruch schreiben.

$x^2 = 2$ hat keine rationale Zahl als Lösung.

Beweis: $\sqrt{2}$ lässt sich nicht als Bruch darstellen, denn:
Angenommen, man könnte $\sqrt{2}$ als vollständig gekürzten Bruch darstellen, dann gälte

$\sqrt{2} = \frac{p}{q}$ und damit $2 = \frac{p^2}{q^2}$,
d.h., $\frac{p \cdot p}{q \cdot q}$ müsste kürzbar sein und
$\frac{p}{q}$ müsste ebenfalls kürzbar sein, was der Annahme widerspricht, dass der Bruch bereits vollständig gekürzt ist.

Die Wurzel einer rationalen Zahl ist meistens eine **irrationale Zahl.**
Irrationale Zahlen sind **nicht abbrechende** und **nicht periodische Dezimalbrüche.**

Merke: Irrationale Zahlen lassen sich nicht als Bruch darstellen. Durch Dezimalbrüche werden sie näherungsweise angegeben.

$\sqrt{2} = 1{,}414213562...$

Kreiszahl $\pi = 3{,}1415926...$

Näherung der Kreiszahl $\pi \rightarrow \pi \approx 3{,}142$

Näherung von $\sqrt{2} \rightarrow \sqrt{2} \approx 1{,}414214$

Die rationalen Zahlen und die irrationalen Zahlen bilden zusammen die Menge ℝ der **reellen Zahlen.**

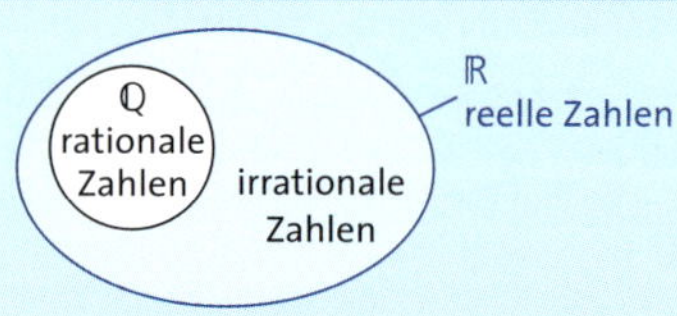

Darstellung reeller Zahlen:
Zwischen zwei beliebigen rationalen Zahlen liegen unendlich viele weitere rationale Zahlen.
Man sagt: **Die rationalen Zahlen liegen dicht.**

Auf der Zahlengeraden ist aber trotzdem für jede irrationale Zahl noch eine bestimmte Stelle frei.

Merke: Jede reelle Zahl lässt sich auf der Zahlengeraden darstellen.

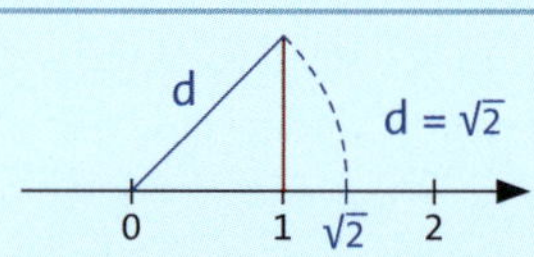

Die Stelle von $\sqrt{2}$ auf der Zahlengeraden findest du, indem du an der Stelle 1 eine senkrechte Strecke der Länge 1 errichtest und deren Endpunkt mit dem Nullpunkt verbindest.
Diese Strecke hat nach dem Satz des Pythagoras die Länge $\sqrt{2}$, denn nach dem Satz des Pythagoras (↑ Kap. 6) gilt:

$1^2 + 1^2 = d^2$, also $d = \sqrt{2}$.

Trage die Strecke mit dem Zirkel auf der Zahlengeraden ab.

ÜBUNG 1 **Berechne.**

a) 2^2 b) $(\sqrt{27})^2$ c) $(-9)^2$ d) $0{,}04^2$ e) $\sqrt{(-4)^2}$ f) $(-0{,}75)^2$

ÜBUNG 2 **Handelt es sich um eine rationale oder um eine irrationale Zahl?**

	$3{,}451$	0	$-\sqrt{12}$	$0{,}31\overline{471}$	$\sqrt{256}$	$-2{,}3$	$\sqrt{0}$	$\sqrt{25}$	$\sqrt{24}$
rational	☐	☐	☐	☐	☐	☐	☐	☐	☐
irrational	☐	☐	☐	☐	☐	☐	☐	☐	☐

WISSEN

Intervallschachtelung – Bestimmung einer Näherung für $\sqrt{2}$
Mithilfe von immer engeren Intervallen, in denen $\sqrt{2}$ liegt, kann $\sqrt{2}$ beliebig genau angenähert werden. Dieses Verfahren heißt Intervallschachtelung.

1. Schritt: Suche ein Intervall, in dem $\sqrt{2}$ liegt.

Es ist $1^2 = 1 \leq 2$ und $2^2 = 4 \geq 2$ → $\sqrt{2}$ liegt im Intervall [1; 2], denn $1^2 \leq 2 \leq 2^2$ → $1 \leq \sqrt{2} \leq 2$, Intervalllänge: $2 - 1 = 1$

2. Schritt: Suche ein kürzeres Intervall, das im Intervall [1; 2] liegt.

$1{,}1^2 = 1{,}21 \leq 2$
$1{,}2^2 = 1{,}44 \leq 2$
$1{,}3^2 = 1{,}69 \leq 2$
$1{,}4^2 = 1{,}96 \leq 2$
$1{,}5^2 = 2{,}25 \geq 2$

→ $\sqrt{2}$ liegt im Intervall [1,4; 1,5], denn $1{,}4^2 \leq 2 \leq 1{,}5^2$ → $1{,}4 \leq \sqrt{2} \leq 1{,}5$, Intervalllänge: $1{,}5 - 1{,}4 = 0{,}1$

Mit jedem weiteren Schritt wird die Intervalllänge verkleinert und eine immer genauere Näherung für $\sqrt{2}$ gefunden.

ÜBUNG 3 **Führe den dritten Schritt der Intervallschachtelung von $\sqrt{2}$ durch, indem du vom gefundenen Intervall [1,4; 1,5] (↑ Kasten) ausgehst.**

ÜBUNG 4 **Überprüfe, ob es sich um eine Intervallschachtelung handeln kann.**

a) [1; 2]
[1; 2,1]
[1; 2,11]
[1; 2,111] ...

b) [0; 1]
[0; 0,1]
[0; 0,01]
[0; 0,001]

c) [4; 5]
[4,1; 5,1]
[4,11; 5,11]
[4,111; 5,111] ...

d) [2; 3]
[2,2; 2,75]
[2,3; 2,6]
[2,35; 2,55]

ÜBUNG 5 **Führe eine Intervallschachtelung für $\sqrt{7}$ bis zur Intervalllänge 0,01 durch.**

1.2 Potenzgesetze

Das **Potenzieren** einer Zahl a ist das n-fache Multiplizieren der Zahl a mit sich selbst.
a^n heißt **Potenz,** a **Basis** und n heißt **Exponent:**

$a \cdot a \cdot a \cdot \ldots \cdot a = a^n$ ← Exponent (↑ Basis)

$(a \in \mathbb{R};\ a \neq 0;\ n \in \mathbb{N};\ n \geq 1)$

$5^6 = 5 \cdot 5 \cdot 5 \cdot 5 \cdot 5 \cdot 5 = 15\,625$

$\left(\frac{3}{4}\right)^3 = \left(\frac{3}{4}\right) \cdot \left(\frac{3}{4}\right) \cdot \left(\frac{3}{4}\right) = \frac{27}{64}$

Für alle $a \neq 0$ gilt: $a^0 = 1$ und $a^1 = a$.
Der Ausdruck 0^0 ist nicht definiert.

$5^0 = 1$ $\quad 0{,}5^0 = 1$ $\quad \left(\frac{3}{4}\right)^0 = 1$

$5^1 = 5$ $\quad 0{,}5^1 = 0{,}5$ $\quad \left(\frac{3}{4}\right)^1 = \frac{3}{4}$

Für **negative Exponenten** gelten die folgenden Schreibweisen:

$a^{-1} = \frac{1}{a};\ a^{-2} = \frac{1}{a^2};\ a^{-n} = \frac{1}{a^n}$

$12^{-1} = \frac{1}{12}$ $\quad 0{,}5^{-1} = 2$ $\quad 3^{-4} = \frac{1}{3 \cdot 3 \cdot 3 \cdot 3} = \frac{1}{81}$

Für **Potenzen mit negativer Basis** gilt:

$(-a)^n = \begin{cases} a^n, & \text{wenn n gerade ist,} \\ -a^n, & \text{wenn n ungerade ist.} \end{cases}$

$(-2)^4 = (-2) \cdot (-2) \cdot (-2) \cdot (-2) = 16$
$(-2)^5 = (-2) \cdot (-2) \cdot (-2) \cdot (-2) \cdot (-2) = -32$

Potenzgesetze

Sind $a, b \in \mathbb{R} \setminus \{0\};\ m, n \in \mathbb{Z}$, so gilt:

- $a^m \cdot a^n = a^{m+n}$ — $2^3 \cdot 2^2 = 2^{3+2} = 2^5 = 32$
- $a^m : a^n = a^{m-n}$ — $3^7 : 3^5 = 3^{7-5} = 3^2 = 9$
- $a^n \cdot b^n = (a \cdot b)^n$ — $2^4 \cdot 3^4 = (2 \cdot 3)^4 = 6^4 = 1296$
- $a^n : b^n = (a : b)^n$ oder $\frac{a^n}{b^n} = \left(\frac{a}{b}\right)^n$ — $6^3 : 2^3 = (6 : 2)^3 = 3^3 = 27$
- $(a^m)^n = a^{m \cdot n} = (a^n)^m$ — $(7^2)^3 = 7^{2 \cdot 3} = (7^3)^2 = 117\,649$

Merke: Potenzrechnung geht vor Punktrechnung!

WISSEN

ÜBUNG 6 **Fasse die Terme mithilfe der Potenzschreibweise zusammen.**

a) $4xyxxyyx$ b) $-4x \cdot 5xz \cdot (-2xy)$ c) $-16 \cdot a^2 \cdot 4ab^2 \cdot (-2)a$
d) $10 \cdot b^5 \cdot (-b)^3$ e) $12am^2 \cdot 13ma$ f) $4y^2z^3 \cdot 2v^2y \cdot (-4zv)$

ÜBUNG 7 **Berechne, indem du zunächst die Potenzgesetze anwendest.**

a) $0{,}25^7 \cdot 4^7$ b) $(2^2)^3$ c) $2{,}67^0 \cdot (-1{,}24)^0$ d) $\frac{3^4}{6^4}$

WISSEN +

Rationale Exponenten
Die Potenzgesetze gelten auch für Potenzen mit rationalen Exponenten:

- $a^{\frac{m}{n}} \cdot a^{\frac{p}{q}} = a^{\frac{m}{n} + \frac{p}{q}}$ $\quad 2^{\frac{5}{6}} \cdot 2^{\frac{2}{3}} = 2^{\frac{5}{6} + \frac{2}{3}} = 2^{\frac{9}{6}}$
- $a^{\frac{m}{n}} : a^{\frac{p}{q}} = a^{\frac{m}{n} - \frac{p}{q}}$ $\quad 2^{\frac{5}{6}} : 2^{\frac{2}{3}} = 2^{\frac{5}{6} - \frac{2}{3}} = 2^{\frac{1}{6}}$
- $a^{\frac{m}{n}} \cdot b^{\frac{m}{n}} = (a \cdot b)^{\frac{m}{n}}$ $\quad 3^{\frac{3}{4}} \cdot 0{,}5^{\frac{3}{4}} = (3 \cdot 0{,}5)^{\frac{3}{4}} = 1{,}5^{\frac{3}{4}}$
- $a^{\frac{m}{n}} : b^{\frac{m}{n}} = (a : b)^{\frac{m}{n}}$ $\quad 3^{\frac{3}{4}} : 0{,}5^{\frac{3}{4}} = (3 : 0{,}5)^{\frac{3}{4}} = 6^{\frac{3}{4}}$
- $\left(a^{\frac{m}{n}}\right)^{\frac{p}{q}} = a^{\frac{m}{n} \cdot \frac{p}{q}} = \left(a^{\frac{p}{q}}\right)^{\frac{m}{n}}$ $\quad \left(17^{\frac{3}{4}}\right)^{\frac{2}{3}} = 17^{\frac{3}{4} \cdot \frac{2}{3}} = \left(17^{\frac{2}{3}}\right)^{\frac{3}{4}} = 17^{\frac{1}{2}}$

$(a \in \mathbb{R}; a \geq 0; m, n \in \mathbb{N}; m \geq 1; n \geq 2)$

ÜBUNG 8 **Hier wurde mithilfe der Potenzgesetze umgeformt. Ergänze.**

a) $(p-q)^2 \cdot$ ______ $= (p-q)^6$
b) ______ $: 30^{\frac{3}{4}} = 16^{\frac{3}{4}}$
c) ______ $\cdot a^{\frac{1}{4}} = a^{\frac{8}{12}} = a^{\frac{2}{3}}$
d) $\left(2^{\frac{1}{n}}\right)^{\frac{4}{n^2}} =$ ______ $= \left(2^{\frac{4}{n^2}}\right)^{\frac{1}{n}} =$ ______

ÜBUNG 9 **Vereinfache die Terme mithilfe der Potenzgesetze.**

a) $\left(2^{\frac{1}{2}} - 3^{\frac{1}{2}}\right)^2$ b) $(a+b)^{\frac{2}{3}} \cdot (a^2 + 2ab + b^2)^{\frac{2}{3}}$
c) $(x-5y)^{\frac{1}{2}} \cdot (x+5y)^{\frac{1}{2}}$ d) $(2a^2)^{\frac{1}{4}} \cdot (4ab^3)^{\frac{1}{4}} \cdot (2ab)^{\frac{1}{4}}$

ÜBEN

1.3 Wurzeln und Wurzelterme

Die **n-te Wurzel** ($n \geq 1$) einer nicht negativen reellen Zahl a ist diejenige nicht negative Zahl c, die mit n potenziert a ergibt:
$c^n = a$. Man schreibt für c auch: $c = \sqrt[n]{a}$.

Beachte: Du kennst bereits die **Quadratwurzel:**
Statt $\sqrt[2]{a}$ schreibt man kurz: $\sqrt{a}$

Bei der Quadratwurzel schreibt man den Wurzelexponenten also nicht dazu.

$2^3 = 8; \sqrt[3]{8} = 2$

$0{,}5^4 = 0{,}0625; \sqrt[4]{0{,}0625} = 0{,}5$

$10^5 = 100\,000; \sqrt[5]{100\,000} = 10$

$1^{17} = 1; \sqrt[17]{1} = 1$

$3^2 = 9; \sqrt[2]{9} = \sqrt{9} = 3$

Potenzen und Wurzeln

Man schreibt für $\sqrt[n]{a}$ auch $a^{\frac{1}{n}}$.

Wurzelschreibweise — Potenzschreibweise

Für die **Quadratwurzel** gilt: $\sqrt{a} = a^{\frac{1}{2}}$.

$a^{\frac{1}{7}} = \sqrt[7]{a}$

$n = 2$ (Quadratwurzeln): $a^{\frac{1}{2}} = \sqrt[2]{a} = \sqrt{a}$

$4^{\frac{1}{2}} = \sqrt[2]{4} = 2$

Entsprechend der Potenzgesetze gilt:

$\sqrt[n]{a} \cdot \sqrt[n]{b} = \sqrt[n]{a \cdot b}$ — $\sqrt[3]{2} \cdot \sqrt[3]{2{,}5} = \sqrt[3]{2 \cdot 2{,}5} = \sqrt[3]{5}$

$\sqrt[n]{a} : \sqrt[n]{b} = \sqrt[n]{a : b}$ — $\sqrt[4]{8} : \sqrt[4]{4} = \sqrt[4]{8 : 4} = \sqrt[4]{2}$

$\left(\sqrt[n]{a}\right)^m = \sqrt[n]{a^m}$

$\sqrt[m]{\sqrt[n]{a}} = \sqrt[n]{\sqrt[m]{a}} = \sqrt[m \cdot n]{a}$ — $\sqrt[4]{\sqrt[3]{5}} = \sqrt[3]{\sqrt[4]{5}} = \sqrt[3 \cdot 4]{5} = \sqrt[12]{5}$

Rechnen mit Wurzeln:
Du kannst
- *gleiche* Wurzeln bei Addition und Subtraktion zusammenfassen;
  $3 \cdot \sqrt{5} + 7\sqrt{5} - 2\sqrt{5} = 8 \cdot \sqrt{5}$
- das Distributivgesetz anwenden;
  $\sqrt{2} \cdot (\sqrt{3} + 5) = \sqrt{2} \cdot \sqrt{3} + \sqrt{2} \cdot 5 = \sqrt{6} + 5 \cdot \sqrt{2}$
- die Quadratwurzel aus einem quadratischen Faktor des Radikanden ziehen;
  $\sqrt{50} = \sqrt{25 \cdot 2} = \sqrt{25} \cdot \sqrt{2} = 5 \cdot \sqrt{2}$
- den Nenner durch Erweitern rational machen.
  $\frac{3}{\sqrt{6}} = \frac{3 \cdot \sqrt{6}}{\sqrt{6} \cdot \sqrt{6}} = \frac{3 \cdot \sqrt{6}}{6} = \frac{\sqrt{6}}{2}$

Merke: Du darfst bei Addition und Subtraktion nur gleiche Wurzeln zusammenfassen.

$\sqrt{25} + \sqrt{4} = 5 + 2 = 7$ aber
$\sqrt{25 + 4} = \sqrt{29} = 5{,}3851...$

ÜBUNG 10 Forme in die Potenzschreibweise bzw. Wurzelschreibweise um.

a) $\sqrt{17} =$

b) $x^{\frac{1}{3}} + y^{\frac{4}{5}} =$

c) $(x + 5y)^{\frac{2}{7}} =$

d) $(x + 5y)^{-\frac{2}{7}} =$

e) $\sqrt[4]{(3 - d)^5} =$

f) $\sqrt[3n]{b^{4m}} =$

ÜBUNG 11 Forme mithilfe der Wurzelgesetze um und berechne.

a) $\sqrt{2} \cdot \sqrt{8}$

b) $\sqrt{\frac{9}{25}}$

c) $\sqrt{0{,}0004}$

d) $\frac{\sqrt{75}}{\sqrt{3}}$

e) $(\sqrt{2})^6$

f) $(\sqrt[4]{2})^8$

g) $\sqrt[3]{\sqrt[2]{15625}}$

h) $\sqrt[5]{8} \cdot \sqrt[5]{2} \cdot \sqrt[5]{64}$

WISSEN

Wurzelterme
Ein Term heißt **Wurzelterm,** wenn der Radikand mindestens eine Variable enthält.
Da der Radikand stets größer oder gleich Null sein muss, musst du auf die **Definitionsmenge** achten.

Wurzelterm: $\sqrt{x - 4}$
Wann ist der Radikand positiv oder Null?
$x - 4 \geq 0$, also $x \geq 4$

Definitionsmenge: $D = \{x \mid x \geq 4\}$

Rechnen mit Wurzeltermen
Du kannst
- gleiche Wurzeln bei Addition und Subtraktion zusammenfassen (1);
- das Distributivgesetz anwenden (2);
- die Quadratwurzel aus einem quadratischen Faktor des Radikanden ziehen (3);
- den Nenner durch Erweitern rational machen (4).

(1) $2 \cdot \sqrt{x} + 5\sqrt{x} - 3\sqrt{x} = 4 \cdot \sqrt{x}$

(2) $\sqrt{x} \cdot (\sqrt{x} + 2) = \sqrt{x} \cdot \sqrt{x} + \sqrt{x} \cdot 2$
$= x + 2 \cdot \sqrt{x}$

(3) $\sqrt{50x} = \sqrt{25 \cdot 2x} = \sqrt{25} \cdot \sqrt{2x}$
$= 5 \cdot \sqrt{2x}$

(4) $\frac{3}{\sqrt{x}} = \frac{3 \cdot \sqrt{x}}{\sqrt{x} \cdot \sqrt{x}} = \frac{3 \cdot \sqrt{x}}{x}$

ÜBUNG 12 Gib die Definitionsmenge für die Wurzelterme an. Vereinfache die Wurzelterme, wenn dies möglich ist, in deinem Übungsheft.

a) $\sqrt{6x - 2}$ D =

b) $(\sqrt[3]{x - 1})^9$ D =

c) $\sqrt{x^2 + 1}$ D =

d) $\sqrt{\frac{3}{8}x + \frac{5}{4}}$ D =

ÜBUNG 13 Vereinfache die Wurzelterme so weit wie möglich.

a) $\sqrt{x}(\sqrt{x} - 1)$

b) $(\sqrt{x} - 2\sqrt{y})^2$

Klassenarbeit 1

45 Minuten

AUFGABE 1 **Notiere, welche reelle Zahl jeweils dargestellt wird.**

a)

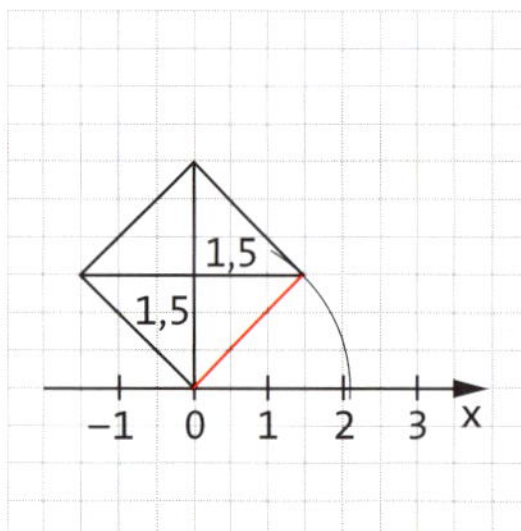

b)

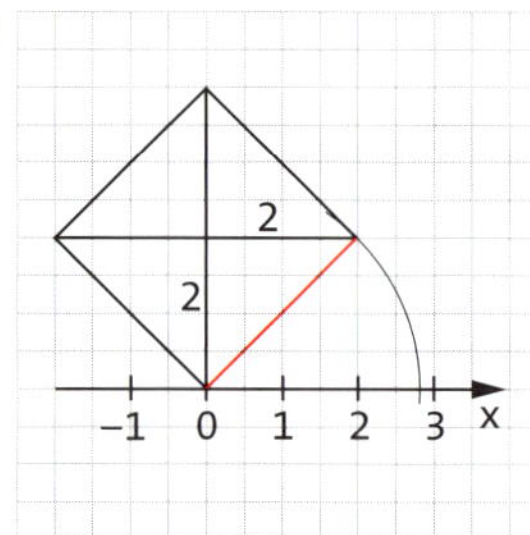

c)

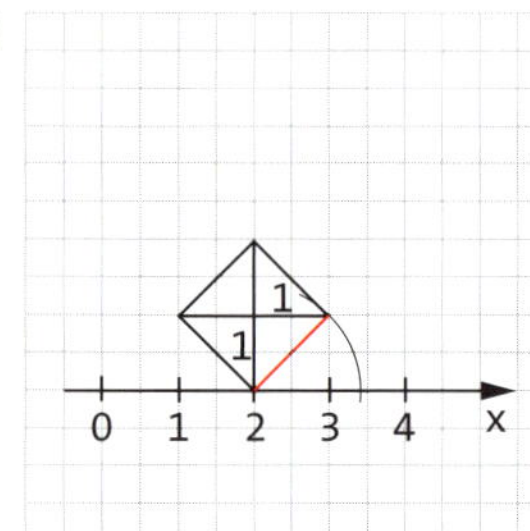

AUFGABE 2 **Forme mithilfe der Potenzgesetze um.**

a) $\frac{4}{5}a^4b^{-2}\cdot\frac{5}{8}a^{-3}b^5 + 2{,}5ab^3 =$

b) $\left(\frac{5}{a-b}\right)^2 =$

c) $(a^2-b^2)^{\frac{1}{2}}\cdot(a^2+ab)^{-\frac{1}{2}} =$

AUFGABE 3 **Forme um. Nutze die Wurzelgesetze oder die Informationen im Abschnitt „Rechen mit Wurzeln“ (↑ Kap. 1.3).**

a) $2\sqrt{2}+3\sqrt{2}-7\sqrt{2}$

b) $\sqrt[3]{32}:\sqrt[3]{4}$

c) $\frac{1}{\sqrt[5]{81}}\cdot\frac{1}{\sqrt[5]{3}}$

AUFGABE 4 **Vereinfache die Wurzelterme. Gib jeweils die Definitionsmenge an.**

a) $\sqrt[6]{x^5y^3z}\cdot\sqrt[6]{x^7y^3z^5}$

D =

b) $\sqrt{\frac{1}{16}x^2-\frac{1}{6}xy+\frac{1}{9}y^2}$

D =

c) $\sqrt{1-\sqrt{a}}\cdot\sqrt{1+\sqrt{a}}$

D =

d) $\sqrt[n]{\frac{a^{n+2}b^{n+2}}{a^2b^2}}$

D =

AUFGABE 5 **Nähere $\sqrt{5}$ in drei Schritten durch eine Intervallschachtelung. Was passiert, wenn du bei der Schachtelung die Intervalle halbierst? Führe drei Schritte aus.**

2 Lineare Gleichungssysteme (LGS)

2.1 Lineare Gleichungen

Zwei Terme, die durch ein Gleichheitszeichen verbunden sind, bilden eine **Gleichung.** Die Zahlen bzw. Elemente, die man für die Variablen in die Gleichung einsetzen darf, werden in der **Grundmenge** zusammengefasst.

$2x + 3 = 10$
$3x^2 + 4 = 16$
Grundmenge: $\mathbb{N}$; $\mathbb{N} = \{0; 1; 2; 3 \ldots\}$

Eine Einsetzung, die zu einer wahren Aussage führt, heißt **Lösung** der Gleichung.
In der **Lösungsmenge** fasst man alle Lösungen einer Gleichung zusammen.

$3 \cdot 3^2 + 4 = 16$ falsche Aussage
$3 \cdot 2^2 + 4 = 16$ wahre Aussage
Lösung: $x = 2$; Lösungsmenge: $L = \{2\}$
$2x + 3 = 10$: keine Lösung in $\mathbb{N}$ ($L = \{\}$);
ist die Grundmenge $\mathbb{R}$, so gilt: $L = \{3{,}5\}$.

Gleichungen der Form

$a \cdot x + b = 0$ ($a, b \in \mathbb{R}$; $a \neq 0$)

heißen **lineare Gleichungen.**

$4x - 28 = 0$
Lösung: $x = 7$; $L = \{7\}$

Lineare Gleichungen lösen

Mithilfe von Äquivalenzumformungen kannst du eine lineare **Gleichung lösen,** indem du sie „nach x auflöst“. Du erhältst eine Gleichung der Form $x = k$ (k ist eine konstante Zahl).

Äquivalenzumformungen sind Umformungen, die die Lösungsmenge einer Gleichung nicht verändern, z. B.:
- Klammern auflösen, ordnen, zusammenfassen;
- beidseitige Addition oder Subtraktion derselben Zahl (bzw. desselben über der Grundmenge definierten Terms);
- beidseitige Multiplikation mit derselben von 0 verschiedenen Zahl (bzw. desselben über der Grundmenge definierten Terms);
- beidseitige Division durch dieselbe von 0 verschiedene Zahl.

Löse die Gleichung:
$x + 2(x - 3) = 5x - 4(2x - 9)$

$x + 2(x - 3) = 5x - 4(2x - 9)$ | ausmultiplizieren
$x + 2x - 6 = 5x - 8x + 36$ | zusammen fassen und ordnen
$3x - 6 = -3x + 36$ | $+3x + 6$
$6x = 42$ | :6 (dividieren)

$x = 7$; Lösungsmenge: $L = \{7\}$

Probe:
$7 + 2 \cdot (7 - 3) = 5 \cdot 7 - 4 \cdot (2 \cdot 7 - 9)$;
$15 = 15$

ÜBUNG 1 **Überprüfe, ob die in Klammern angegebenen Zahlen die Gleichung lösen. Du darfst den Taschenrechner benutzen.**

a) $1{,}2x - 3{,}6 = 1{,}32$ $(3{,}9; 4{,}1; -4{,}1)$
b) $15 - 9x + 63 = 24$ $(2; -2; 6; -6)$
c) $\frac{2x + 3}{9} = \frac{x + 2}{5}$ $(0; 1; 2; 3)$
d) $4x - (2 - 6x) = -6x + 10 + 14x$ $(-4; 0; 2; 6)$

ÜBUNG 2 **Löse folgende Gleichungen. Führe immer eine Probe durch.**

a) $2(x + 1) = 4(x - 7)$
b) $x - (7x - 69) + (6x - 50) = 2x - (x - 8)$
c) $15 + 11m - 7 = 4m - 9 + 19m + 5$
d) $0{,}1 \cdot (20x - 30) = (-1) \cdot (7x - 6)$

ÜBUNG 3 **Finde die gesuchten Zahlen, indem du Gleichungen aufstellst und sie löst.**

a) Vermindert man 92 um die gesuchte Zahl und multipliziert die Differenz mit 7, so erhält man 392. Wie heißt diese Zahl?
b) Gibt es vier aufeinanderfolgende natürliche Zahlen, deren Summe 322 beträgt?
c) Lukas sagt: „Ich habe zwei Zahlen aufgeschrieben, von denen die eine um 2 kleiner ist als die andere. Wenn ich die größere mit 4, die kleinere mit 3 multipliziere und die beiden Produkte addiere, so erhalte ich 57." Welche Zahlen hat Lukas sich aufgeschrieben?

WISSEN +

Ungleichungen
Sind zwei Terme durch eines der Relationszeichen $<$, $>$, $\neq$, $\leq$ oder $\geq$ verbunden, so liegt eine Ungleichung vor.

Beachte: Beim Multiplizieren und Dividieren mit einer negativen Zahl wird das Relationszeichen umgekehrt.

Die Lösungsmenge einer linearen Ungleichung kann man grafisch darstellen.

$-4x < 14 \quad | : (-4)$

$x > \frac{14}{-4}$

$x > -3{,}5$

$L = \{x \in \mathbb{R} \mid x > -3{,}5\}$

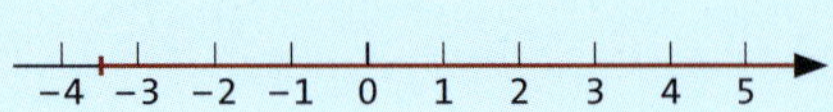

ÜBUNG 4 **Löse folgende Ungleichungen.**

a) $3x < 48$
b) $24x < 120$
c) $10x > 43$
d) $4{,}5k + 13 > 17{,}5$
e) $4(2x + 3) < x - 3(3 - 2x)$
f) $1 + \frac{x}{5} > \frac{x}{3} - 1$

2.2 LGS grafisch lösen

Gleichungen der Form $ax + by = c$ $(a, b \neq 0)$ heißen **lineare Gleichungen mit zwei Variablen.**
Die Lösungsmenge einer linearen Gleichung mit zwei Variablen besteht aus einer Menge von Zahlenpaaren $(x \mid y)$.
Du erhältst die Lösungen einer solchen Gleichung, indem du sie nach einer Variablen (meist y) auflöst und Werte für die andere Variable (meist x) einsetzt.

$4x + 5y = 10$

$y = -\frac{4}{5}x + 2$

x	−5	−2	0	3	5	8
y	6	$\frac{18}{5}$	2	$-\frac{2}{5}$	−2	$-\frac{22}{5}$

$L = \{...; (-5 \mid 6); (-2 \mid \frac{18}{5}); (0 \mid 2); (3 \mid -\frac{2}{5}); ...\}$

Zwei lineare Gleichungen mit zwei Variablen x und y bilden ein **lineares Gleichungssystem.**
Allgemeine Darstellung:

(I) $a_1 \; x \; + \; b_1 \; y \; = \; c_1$
(II) $a_2 \; x \; + \; b_2 \; y \; = \; c_2$

Eine Lösung $(x_1 \mid y_1)$ (auch: $(x_1; y_1)$) des LGS erfüllt jede Gleichung des Systems.

(I) $3x - y = 6$
(II) $x - 3y = 6$

$(1{,}5 \mid -1{,}5)$ ist die Lösung des Systems.

Um ein LGS **grafisch** zu lösen,
- löse jede der beiden Gleichungen mithilfe von Äquivalenzumformungen nach y auf;
- zeichne die Graphen der zwei zugehörigen linearen Funktionen in ein gemeinsames Koordinatensystem.
- Die Koordinaten des Schnittpunkts entsprechen der Lösung des LGS: $L = \{(x_1 \mid y_1)\}$.

Hinweis: Der Graph einer linearen Funktion $y = f(x) = mx + n$ ist eine Gerade:
Der Anstieg m und das absolute Glied n bestimmen den Verlauf der Geraden.

Gegeben:
(I) $3x - y = 6$
(II) $x - 3y = 6$

Auflösen nach y ergibt:
(I) $y = 3x - 6$
(II) $y = \frac{1}{3}x - 2$

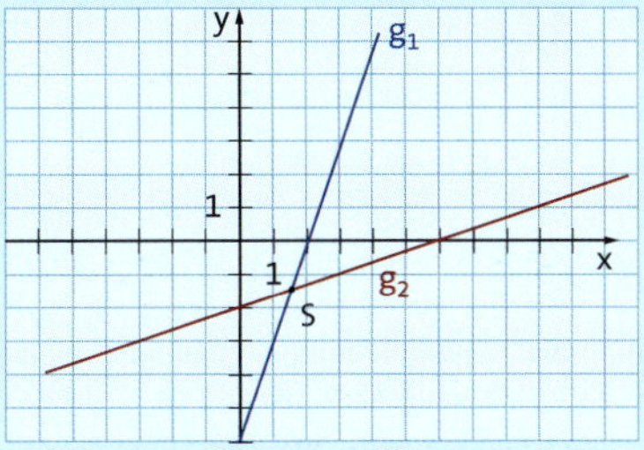

$x = 1{,}5$; $y = -1{,}5$; Lösung: $S\,(1{,}5 \mid -1{,}5)$;
$L = \{(1{,}5 \mid -1{,}5)\}$

Es gibt folgende Möglichkeiten:
Die beiden Geraden ...
- schneiden sich in einem Punkt: Es gibt **eine Lösung.** (1)
- sind zueinander parallel: Es gibt **keine Lösung.** (2)
- sind identisch: Es gibt **unendlich viele Lösungen.** (3)

(1) (2) (3)

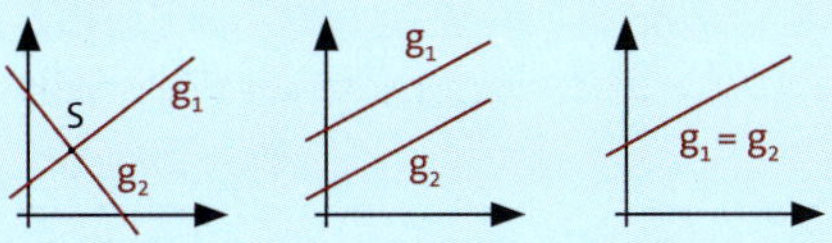

ÜBUNG 5 Lies die Koordinaten der Schnittpunkte ab. Bestimme danach jeweils die zugehörigen Funktionsgleichungen mithilfe der eingezeichneten Steigungsdreiecke und überprüfe rechnerisch, ob der durch Ablesen ermittelte Punkt zu den beiden Funktionsgraphen gehört.

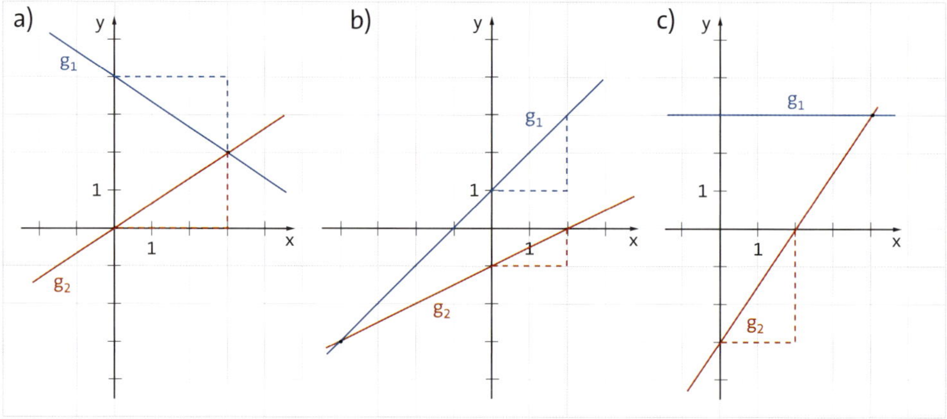

ÜBUNG 6 Löse die Gleichungen jeweils nach der Variablen y auf. Entscheide, ob das entstandene LGS Lösungen hat. Bestimme die Anzahl der Lösungen. Hinweis: Du kannst die Gleichungen der linearen Funktionen auch grafisch darstellen. Bestimme jeweils die Lösungsmenge.

a) (I) $4x - y + 2 = 0$
(II) $3x + y - 5 = 0$

b) (I) $2x - y = 4$
(II) $-6x = -(12 + y)$

c) (I) $-6x + y = 5$
(II) $21x = 3{,}5y$

ÜBUNG 7 Löse die linearen Gleichungssysteme grafisch.

a) (I) $y = -\frac{3}{2}x + 4$
(II) $y = -2x + 3$

b) (I) $y = 2x - 7$
(II) $6x = 6 - 2y$

c) (I) $\frac{1}{2}x = 2 - \frac{1}{3}y$
(II) $\frac{1}{3}x - \frac{7}{3} = -\frac{1}{2}y$

d) (I) $2x + 3y = 6$
(II) $2x - 3y = 6$

e) (I) $3x - 4y = 16$
(II) $-3x + 2y = -14$

f) (I) $4y + x = 6$
(II) $x = 6 - 4y$

ÜBUNG 8 Zeichne die Gerade g_1 mit der Gleichung $2x - y + 4 = 0$. Zeichne durch den Punkt P(4 | 5) eine zweite Gerade g_2 bzw. g_3 so, dass gilt:

a) g_1 und g_2 sind parallel, g_2 geht durch P(4 | 5).
b) g_1 und g_3 schneiden sich im Punkt P(−3 | −2); g_3 geht durch P(4 | 5).
c) Gib die linearen Gleichungen zu den Geraden aus a) und b) an.

ÜBEN

2.3 LGS rechnerisch lösen

Additionsverfahren

1. Forme jede Gleichung so um, dass ein Koeffizient der ersten Gleichung und der entsprechende Koeffizient der zweiten Gleichung Gegenzahlen sind.
2. Addiere die Gleichungen; eine der beiden Variablen fällt weg. Es entsteht eine Gleichung mit nur einer Variablen.
3. Löse diese Gleichung durch Äquivalenzumformungen.
4. Setze den Wert, den du in 3. erhalten hast, in eine der Ausgangsgleichungen ein, bestimme so die andere Variable.
5. Führe eine Probe mit beiden Ausgangsgleichungen durch.

(I) $9x + 13y = 75$ (II) $12x - 41y = -75$

$$\begin{aligned} &(I) & 9x + 13y &= 75 & &|\cdot(-4)\\ &(II) & 12x - 41y &= -75 & &|\cdot 3 \end{aligned}$$

$$\begin{aligned} 1.\quad &(I) & -36x - 52y &= -300\\ &(II) & 36x - 123y &= -225\\ 2.\quad & & -175y &= -525\\ 3.\quad & & y &= 3\\ 4.\quad & & 9x + 13\cdot 3 &= 75;\ x = 4\\ 5.\quad &(I) & 9\cdot 4 + 13\cdot 3 &= 75\\ &(II) & 12\cdot 4 - 41\cdot 3 &= -75 \end{aligned}$$

$x = 4;\ y = 3$

Lösung: $(4\,|\,3)$; $L = \{(4\,|\,3)\}$

Einsetzungsverfahren

1. Löse eine der beiden Gleichungen nach einer der Variablen, z. B. nach y, auf.
2. Setze die rechte Seite dieser Gleichung für y in die andere Gleichung ein. Es entsteht eine Gleichung mit einer Variablen.
3. Löse diese Gleichung nach x auf.
4. Setze den erhaltenen Wert in eine der Ausgangsgleichungen ein, bestimme so die andere Variable.
5. Führe eine Probe mit beiden Ausgangsgleichungen durch.

(I) $2x - y + 3 = 0$ (II) $25 = 2x - 5y$

$$\begin{aligned} 1.\quad & & y &= 2x + 3\\ 2.\quad & & 25 &= 2x - 5(2x + 3)\\ 3.\quad & & x &= -5\\ 4.\quad & & y &= 2\cdot(-5) + 3 = -7\\ 5.\quad &(I)\ 2\cdot(-5) - (-7) + 3 = 0 & &\\ &(II) & 25 &= 2\cdot(-5) - 5\cdot(-7) \end{aligned}$$

$x = -5;\ y = -7$

Lösung: $(-5\,|\,-7)$; $L = \{(-5\,|\,-7)\}$

Gleichsetzungsverfahren

Beim Gleichsetzungsverfahren löst man beide Gleichungen nach derselben Variablen auf und setzt die rechten Seiten der beiden Gleichungen gleich.
Löse die entstandene Gleichung.
Die zweite Variable erhältst du durch Einsetzen in die Ausgangsgleichungen.

Hinweis: Vergiss die Probe nicht!

(I) $y = 2x + 5$ (II) $y = -3x - 22{,}5$

$$\begin{aligned} 2x + 5 &= -3x - 22{,}5\\ 5x &= -27{,}5\\ x &= -5{,}5\\ y &= 2\cdot(-5{,}5) + 5 \end{aligned}$$

$x = -5{,}5;\ y = -6$

Lösung: $(-5{,}5\,|\,-6)$; $L = \{(-5{,}5\,|\,-6)\}$

WISSEN

ÜBUNG 9 Löse die Gleichungssysteme mit dem Additionsverfahren.

a) (I) $3x + 4y = 18$
(II) $3x + 2y = 12$

b) (I) $3x + 2y = -2$
(II) $-5x + 3y = 6{,}5$

c) (I) $y + 2x = 6$
(II) $3y + 4x - 14 = 0$

ÜBUNG 10 Löse die Gleichungssysteme mit dem Einsetzungsverfahren.

a) (I) $y + 2x = 6$
(II) $3y + 4x - 14 = 0$

b) (I) $y + 2x = 4$
(II) $x - 5{,}5 = -4y$

c) (I) $2y - 10x = 4{,}5$
(II) $35x - 7y = 15{,}75$

ÜBUNG 11 Löse die Gleichungssysteme. Entscheide jeweils, welches der drei Lösungsverfahren du anwenden willst.

a) (I) $3x + y = 9$
(II) $2x - y = -1$

b) (I) $5x + 7 = 0$
(II) $5(x - 3) - 24y = 5\left(x - \frac{3}{5}\right)$

c) (I) $5(x + 2) - 3(y + 1) = 23$
(II) $3(x - 2) + 5(y - 1) = 19$

ÜBUNG 12 Die Punkte $A(-1\,|\,-4)$ und $B(5\,|\,7)$ liegen auf einer Geraden im Koordinatensystem. Berechne mithilfe eines Gleichungssystems die zugehörige Gleichung.

WISSEN +

Lösen von Sachaufgaben

1. Lies den Text vollständig und sorgfältig. Welche Informationen brauchst du zur Lösung? Veranschauliche dir den Sachverhalt evtl. mithilfe von Markierungen im Text oder anhand einer Skizze.
2. Drücke unbekannte Zahlen oder Größen durch Variablen aus. Beschreibe Zusammenhänge durch Terme und bilde Gleichungen bzw. Gleichungssysteme.
3. Löse diese anschließend.

Prüfe die Lösung anhand des Aufgabentextes und formuliere eine Antwort.

Ein Campingplatz vermietet Hütten für 3 Personen und Hütten für 5 Personen. Für 41 Kinder werden 11 Hütten bestellt. Wie viele Hütten jeder Art werden benötigt?

x: Anzahl der Hütten für 3 Kinder;
y: Anzahl der Hütten für 5 Kinder
Gleichungen und Gleichungssystem:
(I) $x + y = 11$ (II) $3x + 5y = 41$

(I) nach y auflösen: $y = 11 - x$
In (II) einsetzen: $3x + 5(11 - x) = 41$
$x = 7$; $y = 4$, Lösung: $(7\,|\,4)$; $L = \{(7\,|\,4)\}$

Für 41 Kinder werden 7 Hütten für 3 Personen und 4 Hütten für 5 Personen benötigt.

ÜBUNG 13 Ein Jäger hat im Laufe der Jahre Hasen und Rebhühner gejagt. Insgesamt waren es 20 Tiere mit 52 Beinen. Wie viele Hasen waren dabei?

ÜBUNG 14 Die Summe zweier Zahlen sei 52. Die Differenz aus dem Dreifachen der einen und dem Fünffachen der anderen Zahl sei 100. Welche Zahlen erfüllen diese Bedingungen?

2.4 LGS mit drei Variablen

Um ein LGS mit drei Gleichungen und drei Variablen zu lösen, eliminiert man aus *einer Gleichung keine* Variable, aus der *zweiten Gleichung eine* Variable und aus der *dritten Gleichung* zwei Variablen: Man „bringt das LGS in **Dreiecksform**“.

Lösungen eines solchen LGS mit drei Gleichungen haben die Form (x | y | z) und erfüllen jede der drei Gleichungen.

Das folgende LGS ist bereits in Dreiecksform angegeben:

(I) $\mathbf{x + 2y - 2z = 12}$
(II) $0 + \mathbf{2y + 3z = 0}$
(III) $0 + 0 \mathbf{- 3z = 6}$

$\mathbf{z = -2}$; durch Einsetzen in (II) erhält man:
$2y - 6 = 0$; $\mathbf{y = 3}$; durch Einsetzen in (I) erhält man:
$x + 6 + 4 = 12$; $\mathbf{x = 2}$
Lösung: (2 | 3 | −2); L = {(2 | 3 | −2)}

Gleichungssysteme mit drei Gleichungen und drei Variablen haben wie Gleichungssysteme mit zwei Gleichungen und zwei Variablen entweder

- keine Lösung oder
- eine einzige Lösung oder
- unendlich viele Lösungen.

Beispiel für ein unlösbares System:

(I) $x + 2y + 2z = 2$
(II) $x + 3y + 2z = 5$
(III) $x + 2z = 0$

Umformungen führen zu:

(I) $x + 2y + 2z = 2$
(II') $-y = -3$
(III') $2y = 2$

An den letzten Gleichungen (II') und (III') erkennst du die Unlösbarkeit.

Das Gaußverfahren

... zur Lösung eines LGS mit **drei Gleichungen und drei Variablen:**
1. Ordne mithilfe von Äquivalenzumformungen so, dass auf der rechten Seite jeweils nur noch das absolute Glied steht.
2. Eliminiere die Variablen schrittweise.

Beachte: Die Variablen werden mit dem Additionsverfahren oder mit dem Einsetzungsverfahren eliminiert.

3. Es wird eine Gleichung mit drei und eine Gleichung mit zwei Variablen beibehalten. Aus der dritten Gleichung werden insgesamt zwei Variablen eliminiert. Es entsteht die **Dreiecksform.**
4. Ein LGS in Dreiecksform kann durch Einsetzen (wie im Beispiel oben rechts auf dieser Seite) leicht gelöst werden.
5. Führe eine Probe mit allen Ausgangsgleichungen durch und gib die Lösungsmenge an.

(I) $4x + y = 2z$
(II) $3x - 16 = -2y - 3z$
(III) $5x = 12 + y - 3z$

1. (I) $4x + y - 2z = 0$ | $\cdot(-3)$; $\cdot(+5)$
(II) $3x + 2y + 3z = 16$ | $\cdot(+4)$ ← +
(III) $5x - y + 3z = 12$; $\cdot(-4)$ ← +

2. (I) $4x + y - 2z = 0$
(II) $0 + 5y + 18z = 64$ | $\cdot(-9)$
(III') $0 + 9y - 22z = -48$ | $\cdot(+5)$ ← +

3. (I) $4x + y - 2z = 0$
(II') $0 + 5y + 18z = 64$
(III') $0 + 0 - 272z = -816$

4. Aus $-272z = -816$ folgt: $z = 3$
Aus $5y + 18z = 64$ folgt: $y = 2$
Aus $2x - y + z = 3$ folgt: $x = 1$

5. Das LGS hat genau eine Lösung: (1 | 2 | 3)
L = {(1 | 2 | 3)}

ÜBUNG 15 Welches ist die Lösung des LGS?

(I) $x + y - z = 7$
(II) $2x - y + z = 8$
(III) $3x + 2y - z = 20$

a) (1 | 4 | 5) b) (4 | 3 | 1) c) (1 | 3 | 5)
d) (5 | 4 | 1) e) (8 | 1 | 2) f) (5 | 3 | 1)
g) (11 | 7 | 11)

ÜBUNG 16 Löse die folgenden linearen Gleichungssysteme.

a) (I) $x + y + z = 18$
(II) $2y - z = 3$
(III) $z = 7$

b) (I) $x + y + z = 2$
(II) $2x + y = 5$
(III) $2y = -3z$

c) (I) $x + 2y - z + 3 = 0$
(II) $4x - y = z$
(III) $2(2x + z) + y = 12$

ÜBUNG 17 Bringe alle Gleichungen zunächst auf die Form ax + by + cz = d. Löse dann mit dem Gaußverfahren.

a) (I) $x - (y + 2) = 3z + 16$
(II) $y - (x - z) = -2$
(III) $z + (x - 4) = 2y - 2$

b) (I) $2x + 3(y - z) = 2$
(II) $3(x + y) - 2(x + z) = 4$
(III) $5(y - z) - 3(x - y) = -42$

ÜBUNG 18 Löse das Gleichungssystem mit dem Gaußverfahren und führe eine Probe durch.

(I) $-x + 3y + 2z = 7$
(II) $3x - 2y + 4z = -17$
(III) $2x + y - 4z = 0$

WISSEN

Lösen einer Sachaufgabe am konkreten Beispiel

1. **Aufgabenstellung sorgfältig lesen, Informationen markieren:** Clemens, Florian und Marie planen eine Fete und haben unabhängig voneinander im selben Geschäft eingekauft. Clemens hat für 10 Flaschen Cola, 8 Schokoriegel und 7 Eistüten 22,05 € bezahlt. Florian hat für 16,30 € 12 Flaschen Cola, 6 Schokoriegel und 2 Eistüten bekommen. Marie musste für 8 Flaschen Cola, 4 Schokoriegel und 11 Eistüten 22,95 € bezahlen.
   Wie viel kostet eine Flasche Cola, wie viel ein Schokoriegel und wie viel ein Eis?
2. **Variablen festlegen:** x: Anzahl der Colaflaschen, y: Anzahl der Riegel, z: Anzahl der Eistüten
3. **Aufstellen und Lösen des LGS:**

(I) $10x + 8y + 7z = 22{,}05 \quad | \cdot 12 \quad | \cdot 8$
(II) $12x + 6y + 2z = 16{,}30 \quad | \cdot (-10)$ (+ zu I)
(III) $8x + 4y + 11z = 22{,}95 \quad | \cdot (-10)$ (+ zu I)

(I) $10x + 8y + 7z = 22{,}05$
(II') $0 + 36y + 64z = 101{,}60 \quad | \cdot 2$
(III') $0 + 24y - 54z = -53{,}10 \quad | \cdot (-3)$ (+)

(I) $10x + 8y + 7z = 22{,}05$
(II') $0 + 36y + 64z = 101{,}60$
(III'') $0 + 0 + 290z = 362{,}50$

Hieraus folgt $z = 1{,}25$; $y = 0{,}60$; $x = 0{,}85$; $L = \{(0{,}85; 0{,}60; 1{,}25)\}$
Die Einzelpreise der drei Artikel betragen 0,85 € (Cola), 0,60 € (Schokoriegel) bzw. 1,25 € (Eis).

ÜBEN

ÜBUNG 19 **Stelle jeweils ein lineares Gleichungssystem auf und löse es.**

a) Suche drei Zahlen, sodass sich die Summen 15; 22 und 29 ergeben, wenn man je zwei von ihnen addiert.
b) Die Summe aus je zwei von drei Zahlen ist um 1; 8 bzw. 13 größer als die dritte Zahl.

ÜBUNG 20 **Gibt es einen Quader, dessen Grundfläche den Umfang 10 cm, dessen Vorderfläche den Umfang 12 cm und dessen Seitenfläche den Umfang 8 cm hat?**

ÜBUNG 21 **Von drei Zahlen ist Folgendes bekannt:**

Die Summe der drei Zahlen beträgt 26.
Die Summe aus dem Vierfachen der ersten Zahl und dem Dreifachen der zweiten Zahl vermindert um das Fünffache der dritten Zahl ist −21.
Die Hälfte der Summe aus der ersten Zahl und dem Fünffachen der zweiten Zahl beträgt 22,5.
Um welche Zahlen handelt es sich? Gibt es mehrere solcher Zahlen?

ÜBUNG 22 **Eine dreistellige Zahl hat die Quersumme 16. Man erhält die letzte Ziffer als Differenz der ersten beiden Ziffern. Die Summe aus erster und letzter Ziffer ist um 2 größer als die mittlere Ziffer. Wie heißt die Zahl?**

ÜBUNG 23 **Ein Mädchen wird gefragt, wie alt sie ist und wie alt ihre Eltern seien. Sie antwortet verschmitzt: Vor vier Jahren war mein Vater dreimal so alt, wie ich jetzt bin. Meine Mutter wird in sieben Jahren doppelt so alt sein, wie ich dann sein werde. Wenn man heute mein Alter und das meiner Eltern zusammenzählt, so ergeben sich 89 Jahre. Wie alt sind die drei?**

ÜBUNG 24 **Löse das Gleichungssystem mithilfe des Gaußverfahrens.**

(I) $3a + 4b - 3c + d = 2{,}5$
(II) $-a - 7b + 10c + 2d = 29$
(III) $2(2a - 3b) + 5c = 19{,}5$
(IV) $10b - 5c - 3d = 24{,}5$

2.5 Lineare Ungleichungssysteme

Lineare Ungleichungen
Eine Ungleichung der Form

$ax + by + c \leq 0$ $(a, b \neq 0)$

oder eine, die durch Äquivalenzumformungen in diese Form überführt werden kann, heißt **lineare Ungleichung mit zwei Variablen.**

Beachte: Das Relationszeichen kann auch eines der Zeichen <; >, ≥ oder ≠ sein.

Die Lösungsmenge einer linearen Ungleichung mit zwei Variablen kann als Halbebene dargestellt werden:
- Löse die Ungleichung nach einer der beiden Variablen (z. B. nach y) auf;
- zeichne die **Randgerade,** die durch die zugehörige Funktion y = ... festgelegt wird.

y = ...: Randgerade
y < ...: Halbebene unterhalb der Randgeraden
y > ...: Halbebene oberhalb der Randgeraden

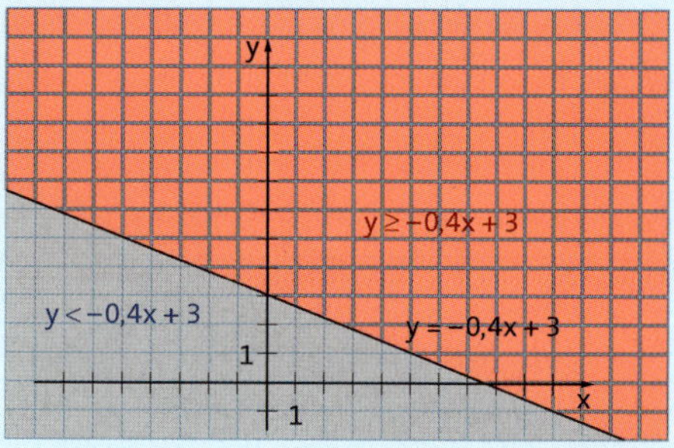

Randgerade: $y = -0{,}4x + 3$

Die rote Halbebene *mit* Randgerade ist die Lösungsmenge von $y \geq -0{,}4x + 3$.
Die graue Halbebene *ohne* Randgerade ist die Lösungsmenge von $y < -0{,}4x + 3$.

Ungleichungssysteme

Die Lösungsmengen eines linearen Ungleichungssystems kann man grafisch als Schnitt von Halbebenen darstellen:

Liegt ein lineares Ungleichungssystem in der Form
$a_1x + b_1y + c_1 \leq 0$
$a_2x + b_2y + c_2 \leq 0$
usw.
vor, so löst man die Gleichungen zuerst nach einer der Variablen (z. B. nach y) auf, um dann jeweils die Randgerade zu zeichnen und die zur Lösung gehörende Halbebene zu bestimmen.

Merke: Jeder Punkt einer Lösungsebene erfüllt jede Ungleichung des zugehörigen Systems.

Gegeben sind das Ungleichungssystem:

$y > -\frac{9}{5}x + 9$

$y > -\frac{1}{2}x + 4$

Zeichne die Randgeraden; färbe die zur Lösungsmenge gehörenden Flächen:

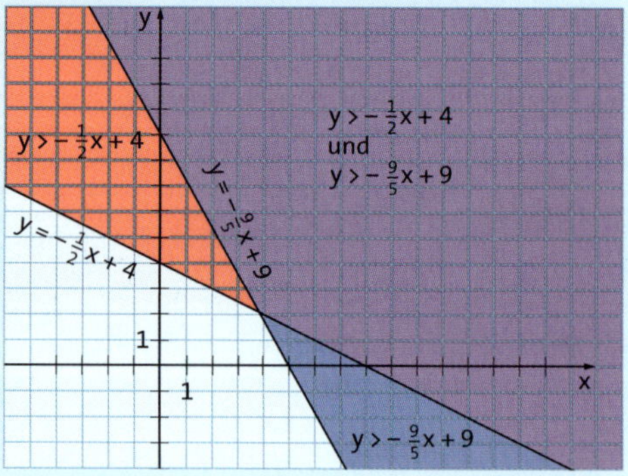

WISSEN

Übung 25 **Löse die linearen Ungleichungssysteme zeichnerisch. Kennzeichne jeweils die Randgeraden und färbe die zur Lösungsmenge gehörenden Flächen.**

a) $y \leq x$
$y \leq 2x + 3$

b) $x \geq 0$
$y \geq 0$
$y \leq -2x + 6$

c) $x \geq 0$
$y \geq 0$
$\frac{1}{3}x + y \leq 2$

d) $y \leq x + 4$
$y \leq -\frac{3}{2}x + 2$

Übung 26 **Durch die in das Koordinatensystem eingezeichneten Geraden wird die Ebene in vier Teile geteilt.**

a) Gib für jeden Teil das entsprechende Ungleichungssystem an.
b) Die Koordinatenachsen und die Geraden schließen eine viereckige Fläche ein. Gib für diese Fläche ein Ungleichungssystem an. (Die Randgeraden gehören zum Viereck.)
c) Welche der Punkte gehören zu der Lösungsmenge des Ungleichungssystems von Aufgabe b? $P_1(1|1)$; $P_2(3|-2)$; $P_3(-1|0{,}5)$; $P_4(3|-1)$

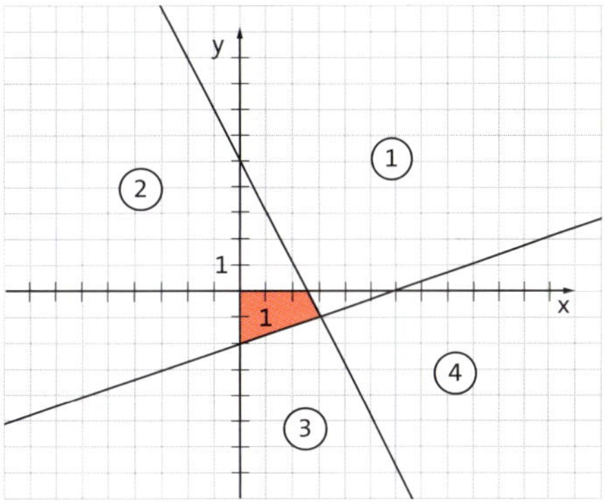

Übung 27 **In der Abbildung ist die Lösungsmenge eines Ungleichungssystems dargestellt. Gib das Ungleichungssystem an. Wie verändert sich die Lösungsmenge, wenn die Ungleichung $y \leq -\frac{1}{2}x + 4{,}5$ zum System hinzukommt? Welche geometrische Fläche entsteht? Zeichne und begründe.**

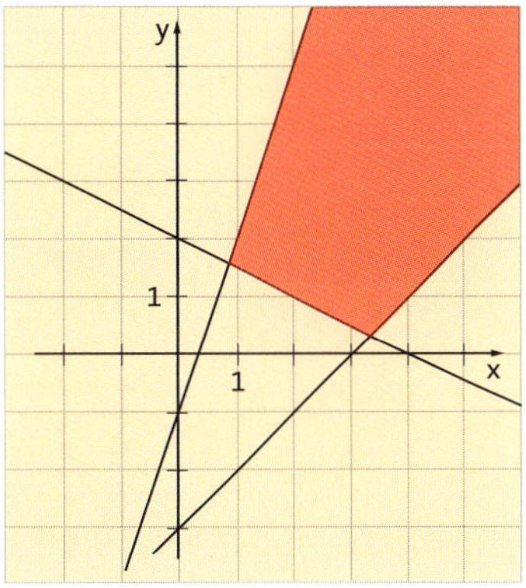

Übung 28 **Zeichne das Dreieck mit den Eckpunkten A (0 | 0); B (10 | 0); C (0 | 10) in ein Koordinatensystem. Gib die Gleichung der Geraden durch die Punkte B und C an. Beschreibe die entstandene Dreiecksfläche durch ein lineares Ungleichungssystem.**

ÜBEN

Klassenarbeit 1

45 Minuten

AUFGABE 1 **Löse die Gleichungen.**

a) $3(x-4)=6(x-4)$ b) $-5(11m-13)+3(2m-7)+47=-7$

AUFGABE 2 **Das Dreifache einer gebrochenen Zahl um 9 vergrößert ist kleiner als 11. Stelle eine Ungleichung auf und löse diese.**

AUFGABE 3 **Stelle fest, welches der folgenden Gleichungssysteme keine, genau eine bzw. unendlich viele Lösungen hat, indem du die Gleichungen grafisch durch Geraden darstellst!**

a) (I) $x-y=1$
(II) $3x+y=1$

b) (I) $y=2x+3$
(II) $3y=6x+5$

c) (I) $2x-y=4$
(II) $x=2+\frac{y}{2}$

AUFGABE 4 **Ein DVD-Rekorder mit 5 Rohlingen ist im Sonderangebot für 273,95 € zu haben, mit 20 DVD-Rohlingen für 318,80 €. Wie viel Geld wird für den DVD-Rekorder berechnet?**

AUFGABE 5 **Gib jeweils das zu der gekennzeichneten Lösungsmenge gehörende Ungleichungssystem an.**

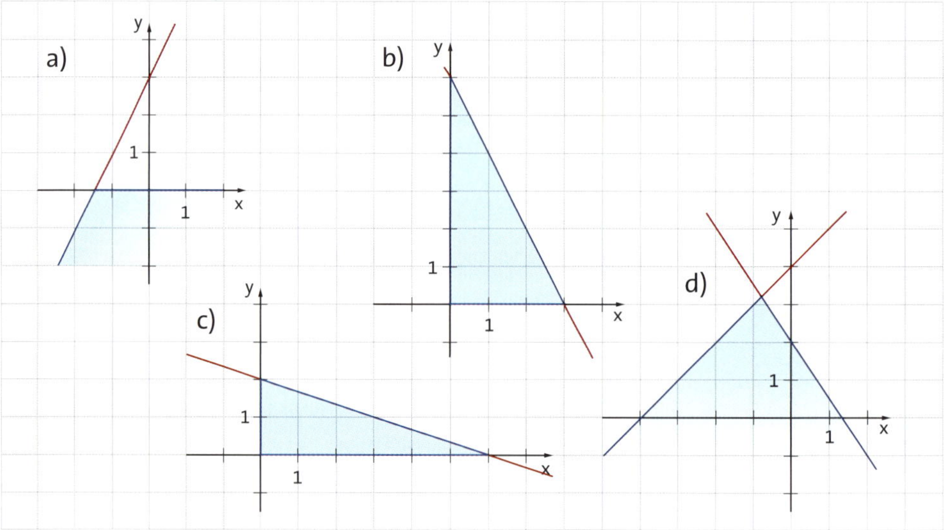

AUFGABE 6 **Löse folgendes Gleichungssystem.**

(I) $x+y+z=2$
(II) $4x-y=z$
(III) $2(2x+z)+y=12$

TESTEN

Klassenarbeit 2

60 Minuten

AUFGABE 7 **Entscheide, ob die folgenden Gleichungen lineare Gleichungen sind. Bringe die linearen Gleichungen in deinem Übungsheft anschließend in die Form ax + by = c. Notiere dann in der Tabelle bei den linearen Gleichungen die Belegung der Parameter a, b, c.**

Gleichung	lineare Gleichung ja	lineare Gleichung nein	Parameter		
a) $3(x + y) = 2(x + 1) - y$	☐	☐	a =	b =	c =
b) $x + xy - y = -2$	☐	☐	a =	b =	c =
c) $3(x - 2y) + 6 = 4x - 8$	☐	☐	a =	b =	c =
d) $x^2 + y^2 = 1$	☐	☐	a =	b =	c =
e) $y = \frac{2}{x} + 1$	☐	☐	a =	b =	c =
f) $4x + 3y + 1 = 4(x - y)$	☐	☐	a =	b =	c =

AUFGABE 8 **Bestimme die Lösungsmengen der Gleichungssysteme. Löse sie rechnerisch mithilfe des angegebenen Verfahrens.**

a) Einsetzungsverfahren
(I) $y = 0{,}5x + 5$
(II) $-2y + 2 = x$

b) Gleichsetzungsverfahren
(I) $y = 2x + 2$
(II) $y + 3 = 2x$

AUFGABE 9 **Überprüfe die Lösungsmengen aus Aufgabe 8 grafisch, indem du die entsprechenden Geraden in jeweils ein Koordinatensystem zeichnest.**

AUFGABE 10 **Erläutere jeweils in einem Satz den Zusammenhang zwischen den Lösungen des LGS aus Aufgabe 8 und den Geraden in Aufgabe 9.**

LGS (I):

LGS (II):

AUFGABE 11 **Gegeben ist ein lineares Gleichungssystem mit den beiden Gleichungen: (I) $6x + 2y = 10$ und (II) $4x - 3y = -2$**

a) Welches der drei Lösungsverfahren wählst du, um das Gleichungssystem zu lösen? Notiere.

b) Löse das Gleichungssystem in deinem Übungsheft rechnerisch und zeichnerisch.

AUFGABE 12 **Zeige, dass das Gleichungssystem genau eine Lösung hat.**

(I) $-x + 4y - 5z = -21$
(II) $3x - y + 2z = 13$
(III) $4x + 2y - 3z = -3$

AUFGABE 13 **Bestimme zeichnerisch alle Paare ganzer Zahlen, die Lösung des Ungleichungssystems sind. Notiere anschließend die Zahlenpaare.**

Lösungspaare: (|); (|);
(|); (|)

(I) $y \leq x$
(II) $y < -\frac{1}{3}x + 4$
(III) $y - 1 > \frac{1}{6}x$

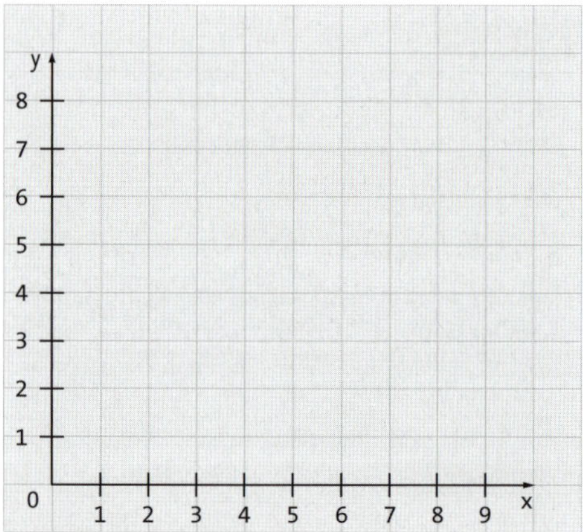

AUFGABE 14 **Über eine gesuchte Zahl wird Folgendes ausgesagt: Eine zweistellige Zahl ist siebenmal so groß wie die Summe ihrer Ziffern. Die Zehnerziffer ist um drei größer als die Einerziffer.**

a) Stelle die beiden Gleichungen des LGS auf. Die Variable x steht für die Zehnerziffer und die Variable y für die Einerziffer.

Gleichung (I)

Gleichung (II)

b) Löse das LGS mithilfe des Einsetzungsverfahrens in deinem Übungsheft.

c) Notiere die gesuchte Zahl:

3

Quadratische Funktionen

3.1 Die quadratische Funktion

Eine Funktion, deren Funktionsgleichung durch Äquivalenzumformungen in die Form $f(x) = ax^2 + bx + c$ mit $a \neq 0$ gebracht werden kann, heißt **quadratische Funktion.** ax^2 heißt **quadratisches Glied, bx lineares Glied** und c **absolutes Glied.** a, b und c heißen **Koeffizienten** (Parameter).

$f(x) = 3x^2 - 4x + 5$; $a = 3$; $b = -4$; $c = 5$

$f(x) = -0{,}5x^2 + 2$; $a = -0{,}5$; $b = 0$; $c = 2$

$f(x) = 4x - 5 - 12x^2$; $a = -12$; $b = 4$; $c = -5$

Die einfachste quadratische Funktion hat die Funktionsgleichung $f(x) = x^2$. Dies ist der Sonderfall mit $a = 1$; $b = 0$; $c = 0$. Der Graph zu $f(x) = x^2$ heißt **Normalparabel.**

Wertetabelle zu $f(x) = x^2$:

x	−3	−2	−1	0	1	2	3
f(x)	9	4	1	0	1	4	9

Eigenschaften der Funktion $f(x) = x^2$:

1. Alle Funktionswerte sind größer oder gleich null.
2. Der kleinste Funktionswert ist null.
3. Für jede reelle Zahl a gilt: $f(-a) = f(a)$.

Eigenschaften der Normalparabel:

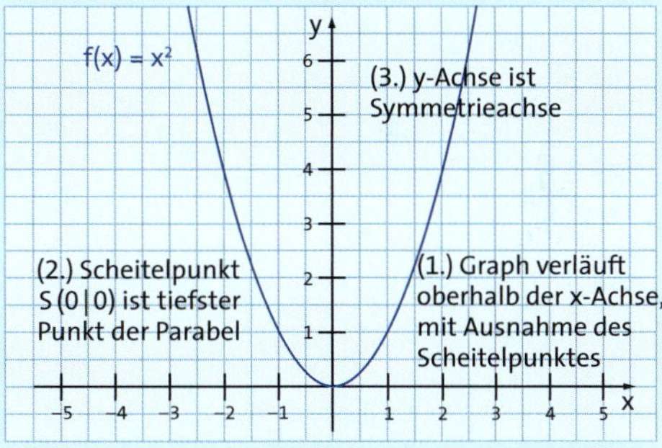

Der Graph der Funktion $f(x) = x^2 + c$ mit $c \neq 0$ entsteht durch Verschiebung der **Normalparabel** entlang der y-Achse. Scheitelpunkt ist S (0 | c).

Der Graph wird für $c > 0$ nach oben und für $c < 0$ nach unten verschoben.

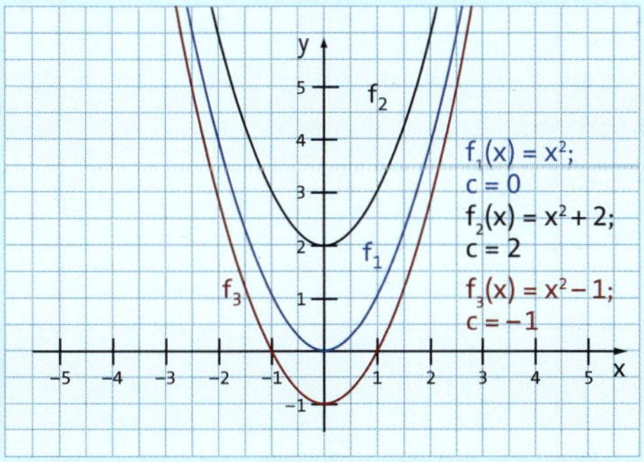

WISSEN

ÜBUNG 1 **Welche der folgenden Funktionsgleichungen beschreiben quadratische Funktionen? Kreuze die entsprechenden Funktionsgleichungen an und bestimme für die quadratischen Funktionen jeweils die Größe der Parameter a, b, c in deinem Übungsheft.**

a) $f(x) = 4x - 1$ ☐
b) $f(x) = 4x^2 - 1$ ☐
c) $f(x) = \frac{1}{x^2}$ ☐
d) $f(x) = 3x + 7 - x^2$ ☐
e) $f(x) = \frac{1}{2}x^2 - x + 2$ ☐
f) $f(x) = 2x^3 + 4x^2 - 5$ ☐

ÜBUNG 2 **Gegeben sind die Funktionen $f_1(x) = x^2 + 2$ und $f_2(x) = x^2 - 3,5$.**

a) Berechne die Funktionswerte zu den Funktionen f_1 und f_2 und trage sie in die Wertetabelle ein.

x	−3	−2,5	−2	−1	0	1	2	2,5	3
$f_1(x)$									
$f_2(x)$									

b) Zeichne die Graphen der Funktionen in ein Koordinatensystem (1 Einheit ≙ 1 cm)

ÜBUNG 3 **Die Graphen von f_a, f_b und f_c sind jeweils gegenüber der Normalparabel nach oben oder nach unten verschoben. Notiere zu jeder Parabel die Koordinaten des Scheitelpunktes und den zugehörigen Funktionsterm.**

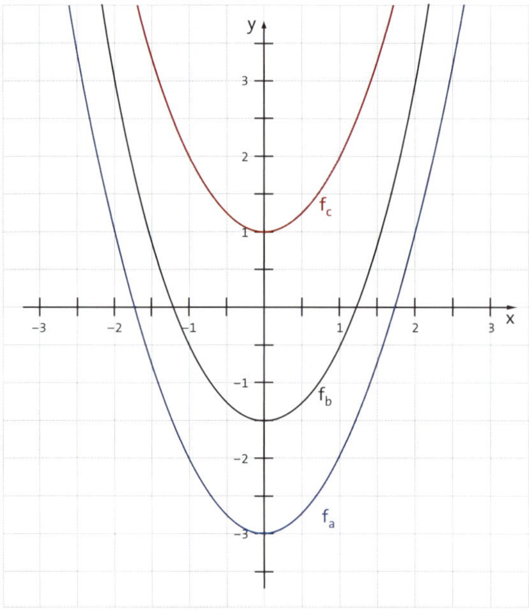

a) S_a (|)
$f_a(x) =$

b) S_b (|)
$f_b(x) =$

c) S_c (|)
$f_c(x) =$

ÜBEN

3.2 Eigenschaften und Graphen quadratischer Funktionen

Der Graph einer quadratischen Funktion heißt **Parabel.**

Jede Parabel entsteht durch Stauchung, Streckung, Spiegelung oder Verschiebung der *Normalparabel,* dies ist der Funktionsgraph zu $f(x) = x^2$ (↑ Kap. 3.1).

Verschiebung entlang der y-Achse
Funktionsgleichung: $\mathbf{f(x) = x^2 + c}$;
Scheitelpunkt der Normalparabel: **S (0 | c)**

Der Graph ist eine um c Einheiten nach oben oder unten verschobene Normalparabel. Er ist
- für **c > 0 nach oben** und
- für **c < 0 nach unten** verschoben.

(↑ Kap. 3.1)

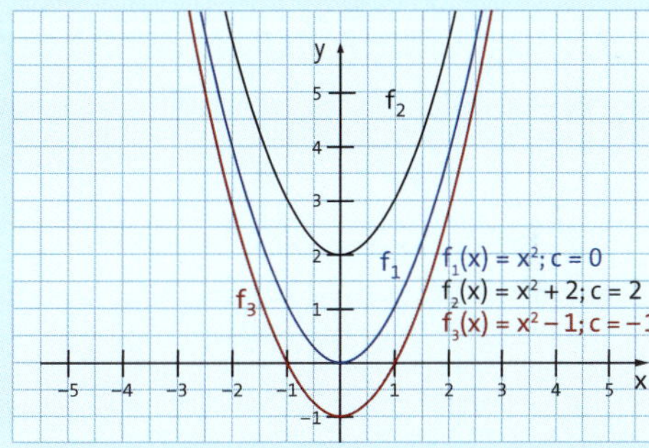

Verschiebung entlang der x-Achse
Funktionsgleichung: $\mathbf{f(x) = (x - d)^2}$;
Scheitelpunkt der Normalparabel: **S (d | 0)**

Der Graph ist eine um d Einheiten nach links oder rechts verschobene Normalparabel. Er ist für **d > 0 nach rechts** und für **d < 0 nach links** verschoben.

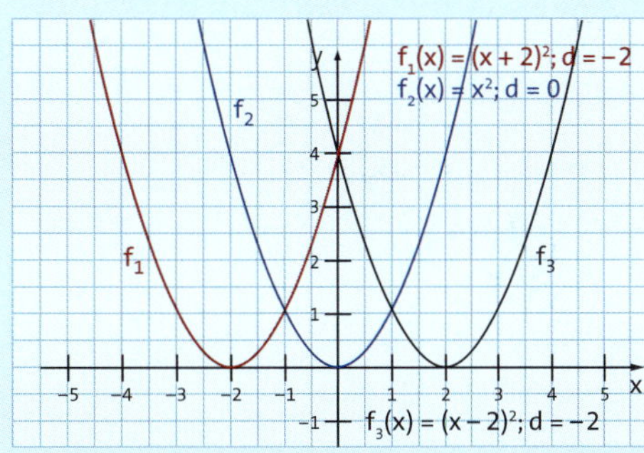

Stauchung und Streckung
Funktionsgleichung: $\mathbf{f(x) = a \cdot x^2}$;
Scheitelpunkt der Parabel: **S (0 | 0)**

Der Graph entsteht durch Stauchung oder Streckung der Normalparabel um den Faktor a.
Für **a > 1** wird die Parabel **gestreckt,** für **0 < a < 1** wird die Parabel **gestaucht.**

Spiegelung
Funktionsgleichung: $\mathbf{f(x) = a \cdot x^2}$;
Scheitelpunkt der Parabel: **S (0 | 0)**
Für **a < 0** ist der Graph zusätzlich zur Streckung oder Stauchung **gespiegelt** an der x-Achse.

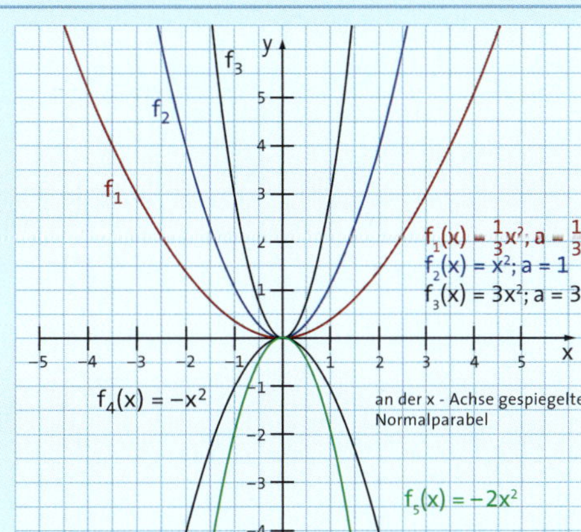

Scheitelpunktform
Funktionsgleichung: $\mathbf{f(x) = (x - d)^2 + e}$;
Scheitelpunkt der Parabel: **S (d | e)**

Der Graph ist eine um d Einheiten entlang der x-Achse und um e Einheiten entlang der y-Achse verschobene Normalparabel. Der Scheitelpunkt kann direkt aus dem Funktionsterm abgelesen werden.

Merke: Aus der Scheitelpunktform kannst du den Scheitelpunkt leicht ablesen.

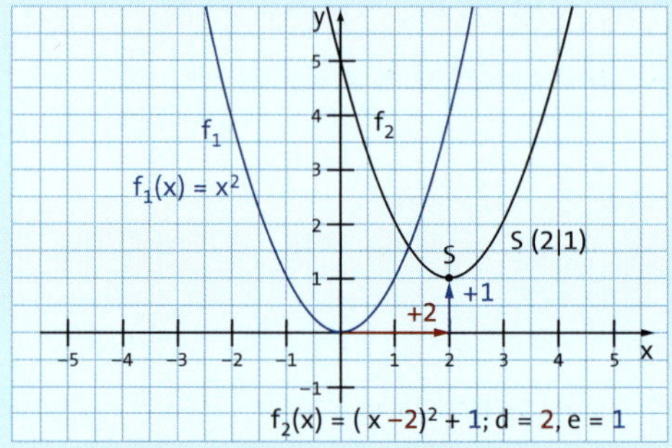

Normalform: $\mathbf{f(x) = x^2 + px + q}$
Für den Parameter a gilt: $a = 1$

Aus der Normalform kannst du den Schnittpunkt mit der y-Achse ablesen:

Funktion	Schnittpunkt
$f_1(x) = x^2 + 7x + 2{,}5$	$P(0 \mid 2{,}5)$
$f_2(x) = x^2 + 7x - 3$	$Q(0 \mid -3)$

Durch **Ausmultiplizieren** lässt sich die Scheitelpunktform $f(x) = (x - d)^2 + e$ in die Normalform $f(x) = x^2 + px + q$ überführen.

$$f(x) = (x - d)^2 + e = x^2 - 2dx + (d^2 + e)$$

$$f(x) = (x - (-3))^2 + 2 = x^2 + 6x + 9 + 2$$
$$= x^2 + 6x + 11$$

Umgekehrt lässt sich die Normalform mithilfe der **quadratischen Ergänzung** in die Scheitelpunktform überführen:

$$x^2 + px + q = x^2 + px + \left(\frac{p}{2}\right)^2 - \left(\frac{p}{2}\right)^2 + q$$
$$= \left(x + \frac{p}{2}\right)^2 + \left(q - \left(\frac{p}{2}\right)^2\right)$$

Scheitelpunkt: $S\left(-\frac{p}{2} \,\middle|\, q - \left(\frac{p}{2}\right)^2\right)$

$$x^2 + 6x + 11$$
$$= x^2 + 6x + \left(\frac{6}{2}\right)^2 - \left(\frac{6}{2}\right)^2 + 11$$
$$= x^2 + 6x + 3^2 - 3^2 + 11$$
$$= (x + 3)^2 - 9 + 11$$
$$= (x + 3)^2 + 2$$

Scheitelpunkt: $S(-3 \mid 2)$

Allgemeine Form: $\mathbf{f(x) = ax^2 + bx + c}$

Schnittpunkt mit der y-Achse: $S_y\,(0 \mid c)$.

Scheitelpunkt: $S\left(\frac{-b}{2a} \,\middle|\, \frac{4ac - b^2}{4a}\right)$

$f(x) = 2x^2 + 12x + 10 \quad a = 2;\ b = 12;\ c = 10$

Scheitelpunkt: $S(-3 \mid -8)$

Allgemeine Scheitelpunktform
Die allgemeine Form lässt sich in die allgemeine Scheitelpunktform

$f(x) = a(x - d)^2 + e\ (a \neq 0)$ überführen.

Scheitelpunkt: S (d | e)

$$f(x) = 2x^2 + 12x + 10 = 2\left(x^2 + \frac{12}{2}x + \frac{10}{2}\right)$$
$$= 2\left(x^2 + 6x + \left(\frac{6}{2}\right)^2 - \left(\frac{6}{2}\right)^2 + 5\right) = 2(x + 3)^2 - 8$$

Scheitelpunkt: $S(-3 \mid -8)$

ÜBUNG 4 **Bestimme jeweils den Scheitelpunkt der zugehörigen Funktionsgraphen. Zeichne mithilfe einer Schablone der Normalparabel die Graphen in ein Koordinatensystem in dein Übungsheft (1 Einheit ≙ 1 cm).**

a) $f(x) = (x - 2)^2$ $S_a(\quad|\quad)$ b) $f(x) = (x + 3)^2$ $S_b(\quad|\quad)$

c) $f(x) = (x - 1{,}5)^2$ $S_c(\quad|\quad)$ d) $f(x) = (x + 1{,}25)^2$ $S_d(\quad|\quad)$

ÜBUNG 5 **Bestimme zum angegebenen Scheitelpunkt jeweils die Funktionsgleichung. Es handelt sich ausschließlich um verschobene Normalparabeln.**

a) $S_a(-2{,}5\,|\,0)$ b) $S_b(0\,|\,\frac{17}{3})$ c) $S_c(0\,|\,-2)$ d) $S_d(3{,}2\,|\,0)$

ÜBUNG 6 **Forme zu jeder der angegebenen Funktionen den Funktionsterm mithilfe von Äquivalenzumformungen so um, dass du den Scheitelpunkt des zugehörigen Graphen direkt ablesen kannst.**

a) $f(x) = (x - 1)(x + 1)$ b) $f(x) = -3(x^2 - 1)$ c) $f(x) = \frac{x^2 - 2}{4}$

ÜBUNG 7 **Gib zu den Funktionsgleichungen jeweils an, ob die zugehörige Parabel nach oben oder nach unten geöffnet ist und ob sie im Vergleich zur Normalparabel gestreckt oder gestaucht ist. Kreuze an.**

	Die zugehörige Parabel G_f ist ...			
	nach oben geöffnet.	nach unten geöffnet.	gestreckt.	gestaucht.
a) $f_a(x) = -4x^2$	☐	☐	☐	☐
b) $f_b(x) = 2x^2$	☐	☐	☐	☐
c) $f_c(x) = 0{,}\overline{3}\,x^2$	☐	☐	☐	☐
d) $f_d(x) = -\frac{3}{100}x^2$	☐	☐	☐	☐

ÜBUNG 8 **Zeichne jeweils den Graphen zur angegebenen quadratischen Funktion.**

a) $f(x) = (x - 1)^2 + 3$ b) $f(x) = (x + 2)^2 - 2$ c) $f(x) = (x + 1{,}5)^2 - 2{,}25$

ÜBUNG 9 Die folgenden Graphen quadratischer Funktionen sind aus der Normalparabel durch Verschiebungen bzw. Spiegelungen hervorgegangen. Notiere jeweils die Funktionsvorschrift.

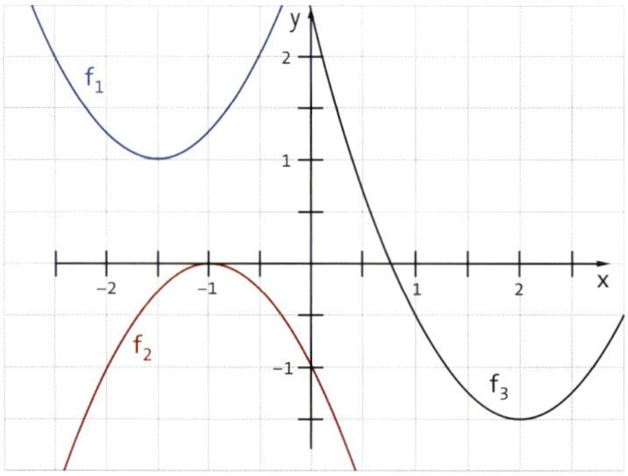

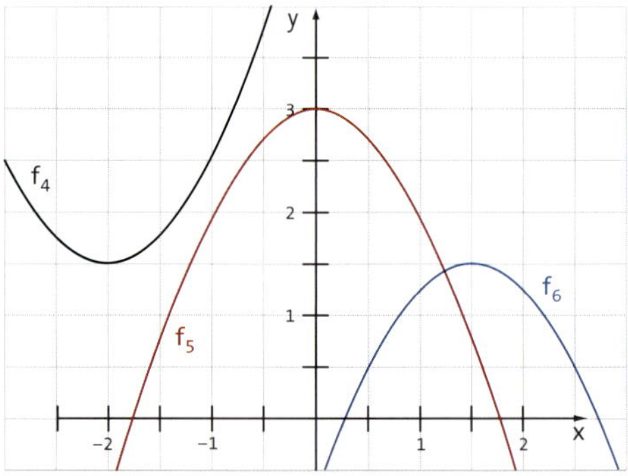

$f_1(x) =$

$f_2(x) =$

$f_3(x) =$

$f_4(x) =$

$f_5(x) =$

$f_6(x) =$

WISSEN

Monotonie

- Gilt für alle x_1 und x_2 aus einem bestimmten Intervall der Definitionsmenge, dass aus $x_1 < x_2$ immer folgt $f(x_1) < f(x_2)$, so ist die Funktion dort **streng monoton steigend.**
- Gilt für alle x_1 und x_2 aus einem bestimmten Intervall der Definitionsmenge, dass aus $x_1 < x_2$ immer folgt $f(x_1) > f(x_2)$, so ist die Funktion dort **streng monoton fallend.**

Für positive x ist die Funktion $f(x) = x^2$ *streng monoton steigend.*
Für negative x ist die Funktion $f(x) = x^2$ *streng monoton fallend.*

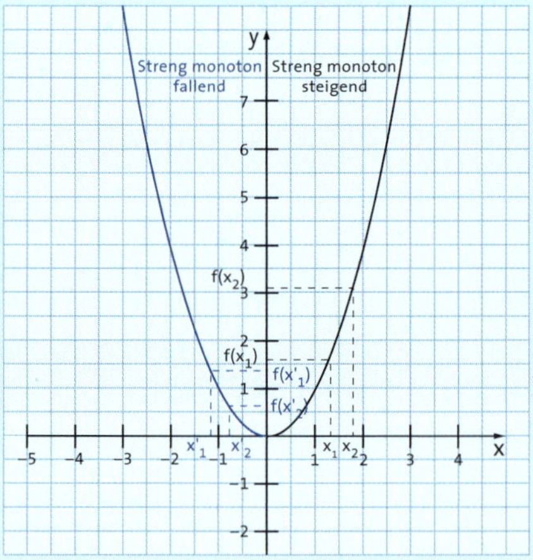

ÜBUNG 10 Überprüfe das Monotonieverhalten der folgenden quadratischen Funktionen, indem du zunächst den entsprechenden Funktionsgraphen skizzierst.

a) $f(x) = x^2 + 2$ b) $f(x) = (x + 2)^2 - 3$ c) $f(x) = -(x - 1{,}5)^2 + 2$

ÜBEN

ÜBUNG 11 **Schildere jeweils in Stichpunkten die Eigenschaften des zugehörigen Funktionsgraphen. Benenne immer den Scheitelpunkt und beschreibe die Monotonieeigenschaften der Funktion. Schreibe in dein Übungsheft.**

a) $f(x) = -2x^2$

S(|)

b) $f(x) = 1{,}5x^2 + 0{,}5$

S(|)

c) $f(x) = \frac{1}{2}(x-2)^2 + \frac{2}{3}$

S(|)

WISSEN

Nullstellenbestimmung
$f(x) = x^2 + px + q$

Um schnell eine möglichst deutliche Vorstellung vom Verlauf einer Parabel zu erhalten, sind neben dem Scheitelpunkt und dem Schnittpunkt mit der y-Achse die **Schnitt- oder Berührungspunkte $N_1(x_1 | 0)$ und $N_2(x_2 | 0)$ der Parabel mit der x-Achse** wichtig.

Die Werte x_1 und x_2 dieser Schnitt- oder Berührungspunkte heißen **Nullstellen der Funktion.** Die Parabel schneidet oder berührt für die Werte x_1 und x_2 die x-Achse. Die zugehörigen y-Koordinaten sind also null.
Zur **Berechnung der Nullstellen** wählt man den rechnerischen Ansatz:
$y = f(x) = 0$ und löst die entstandene quadratische Gleichung (↑ Kap. 4.2).

Der Parabelverlauf zeigt, dass eine quadratische Funktion entweder eine oder zwei oder keine Nullstelle haben kann. Die Anzahl der Nullstellen wird durch den Wert der *Diskriminante* (↑ S. 46) $D = \left(\frac{p}{2}\right)^2 - q$ bestimmt:

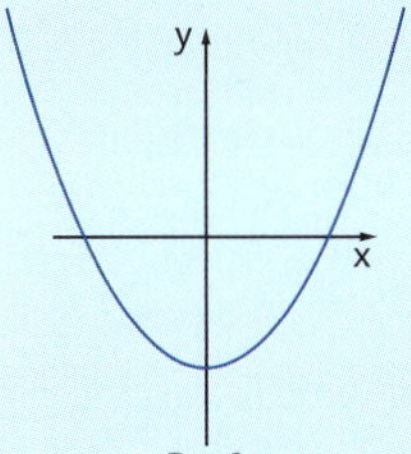

$D > 0$
zwei Nullstellen

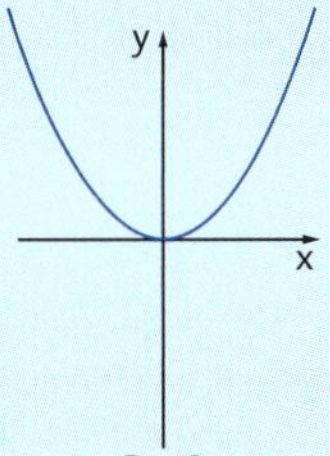

$D = 0$
eine Nullstelle

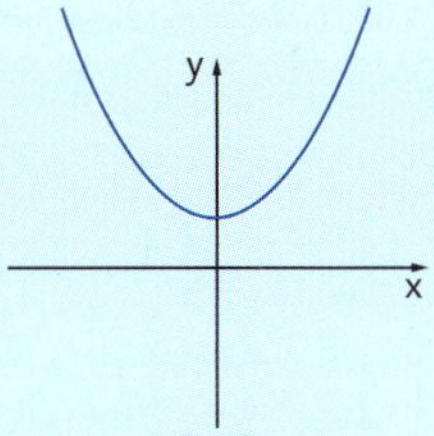

$D < 0$
keine Nullstelle

ÜBUNG 12 **Bestimme die Nullstellen der folgenden quadratischen Funktionen.**

a) $f(x) = x^2 + 6x + 5$

b) $f(x) = x^2 + 6x + 11$

c) $f(x) = 2x^2 - 12x + 18$

ÜBUNG 13 **Zeige, dass $f(x) = ax^2 + bx + c$ mithilfe von Termumformungen in die allgemeine Scheitelpunktform $f(x) = a(x-d)^2 + e$ $(a \neq 0)$ umgeformt werden kann.**

Benutze hierbei: $d = -\left(\frac{b}{2a}\right)$; $e = c - \frac{b^2}{4a}$

ÜBEN

ÜBUNG 14 Untersuche die folgenden quadratischen Funktionen. Überprüfe jeweils, ob die quadratische Funktion in der Normalform oder in der allgemeinen Form gegeben ist. (Notiere entsprechend NF oder AF.) Forme die Funktionsgleichungen danach in deinem Heft in die Scheitelpunktform bzw. in die allgemeine Scheitelpunktform um. Gib den Scheitelpunkt an und zeichne den Funktionsgraphen.

Beispiel 1: (NF) $f(x) = x^2 + 6x + 5 = x^2 + 6x + 9 - 9 + 5 = (x + 3)^2 - 4$; S(−3 | −4)
Beispiel 2: (AF) $f(x) = -0{,}5x^2 + x + 4 = -0{,}5(x^2 - 2x - 8) = -0{,}5(x - 1)^2 + 4{,}5$; S(1 | 4,5)

a) $f(x) = x^2 + 4x + 3$ S(|) b) $f(x) = -3x^2 + 6x - 3$ S(|)
c) $f(x) = -x^2 - 4x - 5$ S(|) d) $f(x) = x^2 - 2x + 1$ S(|)

WISSEN

Extremwertaufgaben

- Der **Extremwert einer Funktion** ist der Funktionswert an einer Stelle, in deren Umgebung die Funktionswerte *sämtlich kleiner* oder *sämtlich größer* als dieser Funktionswert sind.
- Der zugehörige Funktionsgraph hat an dieser Stelle einen **Extrempunkt.**
- Eine quadratische Funktion besitzt genau einen Extrempunkt; den *Scheitelpunkt* der zugehörigen Parabel.

Daher kannst du Extremwertaufgaben, die sich auf quadratische Gleichungen zurückführen lassen, folgendermaßen lösen:

1. **Extremalbedingung:** Welche Größe A soll maximal oder minimal werden?
2. **Zielfunktion aufstellen:** Mit welchen Variablen kannst du A berechnen?
3. **Nebenbedingung:** Mithilfe welcher Beziehung kannst du eine Variable ersetzen?
4. Drücke A mit nur **einer Variablen** aus.
5. Bestimme den **Scheitelpunkt.**

Wann wird der Flächeninhalt A eines Rechtecks mit U = 6 cm möglichst groß?

1. Extremalbedingung: Der Flächeninhalt des Rechtecks soll maximal werden.

2. Zielfunktion: $A = x \cdot y$

3. Nebenbedingung: $U = \mathbf{2x + 2y = 6}$
Umformen: $\mathbf{y = -x + 3}$

4. Drücke A mit nur einer Variablen aus:
Setze (3) in (2) ein:
$A = x \cdot (\mathbf{-x + 3}) = -x^2 + 3x$

5. Scheitelpunkt bestimmen:
$A = -(x - 1{,}5)^2 + 2{,}25$; S(1,5 | 2,25)

Die x-Koordinate des Scheitelpunktes zeigt, dass der Flächeninhalt für ein Quadrat der Seitenlänge x = 1,5 cm am größten wird. Die y-Koordinate gibt die Maßzahl für den Flächeninhalt an: A = **2,25** cm^2.

ÜBUNG 15 Mit einem 8 m langen Drahtzaun soll ein Kaninchenstall umzäunt werden, sodass die rechteckige Stallfläche möglichst groß wird.

ÜBUNG 16 Der Graph einer allgemeinen quadratischen Funktion $f(x) = ax^2 + bx + c$ verlaufe durch die Punkte P(−1 | 23), Q(0 | 8), R(1 | −1). Bestimme die Parameter a, b, c.

3.3 Wurzelfunktionen als Umkehrfunktionen

Eine Funktion ist genau dann **umkehrbar,** wenn sie für zwei voneinander verschiedene Argumente x_1 und x_2 ihrer Definitionsmenge auch voneinander verschiedene Funktionswerte $f(x_1)$ und $f(x_2)$ annimmt.

Man erhält die Umkehrfunktion einer Funktion, indem man $y = f(x)$ nach x auflöst und x und y vertauscht.

Funktion $y = f(x) = 2x + 2; x \in \mathbb{R}$
Zahlenpaare: $(-2\,|\,-2), (-1\,|\,0), (-0{,}5\,|\,3), (1\,|\,4)$

Umkehrfunktion bestimmen:
$f(x) = y = 2x + 2$
$0{,}5\,y - 1 = x$
$x = 0{,}5y - 1$

x und y vertauschen und Umkehrfunktion bilden:
$y = g(x) = 0{,}5x - 1$
Zahlenpaare: $(-2\,|\,-2), (0\,|\,-1), (3\,|\,0{,}5), (4\,|\,1)$

Die Funktion **$f(x) = x^2$** ist *nicht* umkehrbar, wenn man für den Definitionsbereich *alle* reellen Zahlen zulässt.

Funktion f: $f(x) = x^2; x \in \mathbb{R}$
Zahlenpaare: $(-2\,|\,4), (-1\,|\,1), (0\,|\,0), (2\,|\,4)$
Umkehrung ist nicht eindeutig, denn z.B. werden der Zahl 4 zwei Werte zugeordnet.

Eine Funktion, in der die Variable unter einer Quadratwurzel vorkommt, heißt **Quadratwurzelfunktion.** Die einfachste Quadratwurzelfunktion ist $f(x) = \sqrt{x}; x \geq 0$.

x	0	1	2	4	9
y	0	1	$\sqrt{2}$	2	3

Die Quadratwurzelfunktion $f(x) = \sqrt{x}$ ist die Umkehrfunktion zu $g(x) = x^2$ mit $x \geq 0$. Der Graph der Quadratwurzelfunktion beschreibt also die Umkehrung des rechten Astes der Normalparabel.

Die Graphen der beiden Funktionen werden durch Spiegelung an der Winkelhalbierenden aufeinander abgebildet.

Allgemein gilt, dass der Graph der Umkehrfunktion von f durch Spiegelung des Graphen von f an der Winkelhalbierenden $y = x$ entsteht. (Beachte dabei, dass beide Koordinatenachsen gleich skaliert sein müssen.)

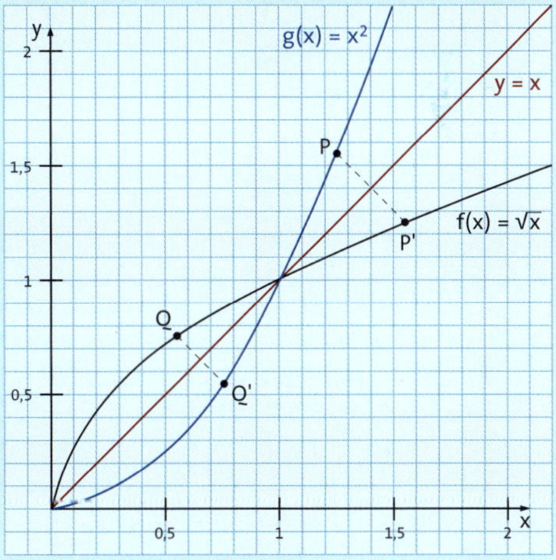

Da Terme unter dem Wurzelzeichen nicht kleiner als Null sein dürfen, musst du bei Quadratwurzelfunktionen immer besonders auf die **Definitionsmenge D** achten. Kannst du die Definitionsmenge nicht direkt bestimmen, dann löse die entsprechende Ungleichung.

$f(x) = \sqrt{x - 2}\,; D = \{x\,|\,x \geq 2\}$

$f(x) = \sqrt{x - 0{,}5}$
$x - 0{,}5 \geq 0 \quad |\,+0{,}5$ (Ungleichung lösen)
$x \geq 0{,}5; D = \{x\,|\,x \geq 0{,}5\}$

ÜBUNG 17 **Bestimme jeweils die maximale Definitionsmenge.**

a) $f_1(x) = \sqrt{x+4}$ f_1: D = {x | } b) $f_2(x) = \sqrt{x+4} - 2$ f_2: D = {x | }

c) $f_3(x) = \sqrt{-4+x}$ f_3: D = {x | } d) $f_4(x) = 3\sqrt{x} + 7$ f_4: D = {x | }

ÜBUNG 18 **Gegeben sind die Quadratwurzelfunktionen $f_1(x) = \sqrt{x} - 2$; $f_2(x) = \sqrt{x-1}$; $f_3(x) = \sqrt{x+2} + 1$.**

a) Lege in deinem Übungsheft eine Wertetabelle für die drei Funktionen an, die von x = −2 bis x = 6 reicht. Berechne einzelne Funktionswerte zu den Funktionen f_1, f_2 und f_3 und trage sie in die Wertetabelle ein. Benutze den Taschenrechner, runde auf eine Nachkommastelle.

b) Zeichne die drei Graphen anschließend in ein Koordinatensystem (1 Einheit ≙ 1 cm).

WISSEN

$g_1(x) = \sqrt{x}$ und $g_2(x) = -\sqrt{x}$

Die Funktion $g_1(x) = \sqrt{x}$ ist die Umkehrfunktion zu $f_1(x) = x^2$. Dies gilt jedoch nur für $x \geq 0$, also für den rechten Parabelast.

Der linke Parabelast kann ebenfalls an der Winkelhalbierenden gespiegelt werden.

Für die Funktion $f_2(x) = x^2$ mit $x \leq 0$ ergibt sich die Umkehrfunktion $g_2(x) = -\sqrt{x}$.

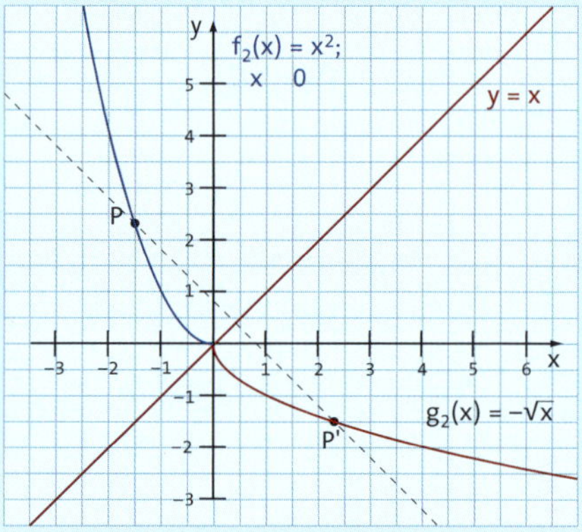

ÜBUNG 19 **Die Graphen der folgenden Funktionen sind aus dem Graphen der Quadratwurzelfunktion $f(x) = \sqrt{x}$ hervorgegangen. Notiere in deinem Heft, ob der Graph von f(x) gespiegelt oder verschoben wurde. Schreibe gegebenenfalls dazu, in welche Richtung und um wie viele Einheiten der Graph verschoben wurde.**

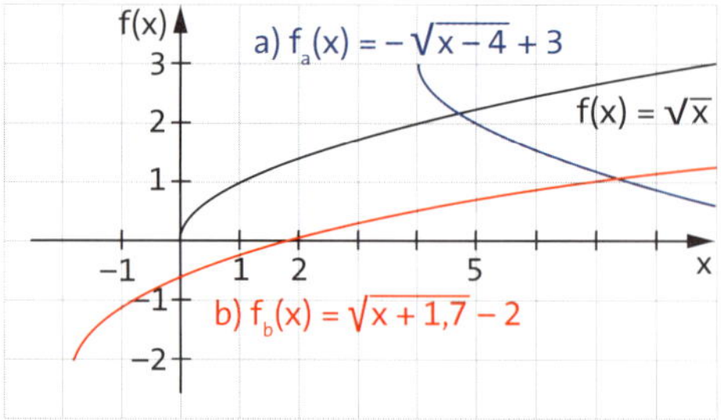

ÜBEN

ÜBUNG 20 Betrachte den Graphen der Wurzelfunktion $f(x) = \sqrt{x-2}$. Spiegele den Graphen in der Abbildung an der eingezeichneten Winkelhalbierenden y = x. Bestimme anschließend die Funktionsgleichung der zugehörigen Umkehrfunktion g(x).

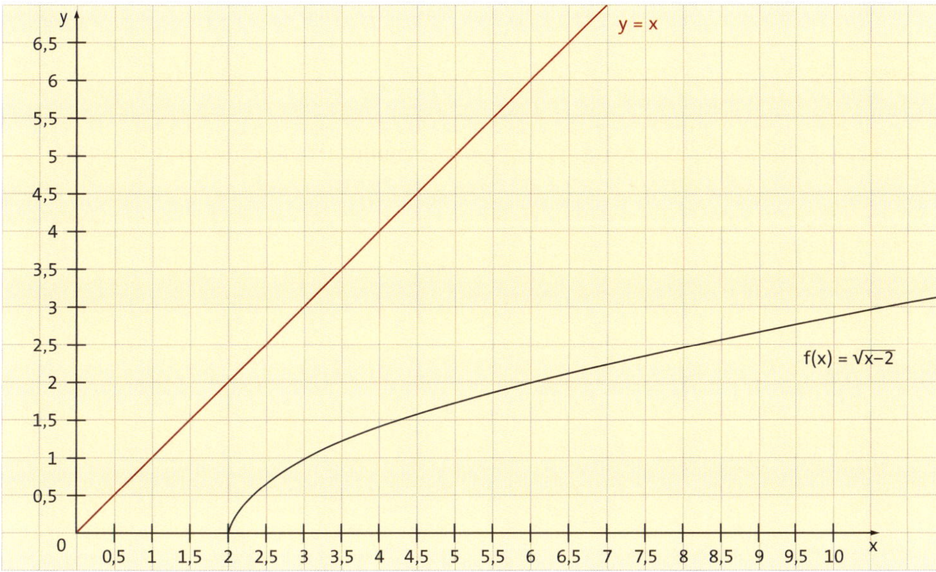

WISSEN

Funktionen mit $f(x) = \sqrt[n]{x}$

Der Funktionsterm der Quadratwurzelfunktion kann auch in Potenzschreibweise dargestellt werden:

$f(x) = \sqrt{x} = x^{\frac{1}{2}}$

Lässt man für den Exponenten jede gebrochene Zahl $\frac{m}{n}$ ($m \geq 1$; $n \geq 2$) zu, dann erhält man allgemeine **Wurzelfunktionen:**

$f(x) = \sqrt[n]{x^m} = x^{\frac{m}{n}}$

Wurzelfunktion:

$f(x) = \sqrt[3]{x^2} = x^{\frac{2}{3}}$

Wurzelfunktion mit m = 1:

$f(x) = \sqrt[7]{x} = x^{\frac{1}{7}}$; $f(x) = \sqrt{x} = x^{\frac{1}{2}}$

Für alle Wurzelfunktionen dieser Form mit m = 1 gilt:

- Definitionsmenge: $\{x \mid x \geq 0\}$
- Wertemenge: $\{y \mid y \geq 0\}$
- Nullstelle: x = 0
- Gemeinsame Punkte aller Graphen: (0|0); (1|1)

ÜBUNG 21 Vergleiche die Funktionen $f_1(x) = \sqrt{x}$, $f_2(x) = \sqrt[3]{x}$ und $f_3(x) = \sqrt[4]{x}$.

Zeichne die Graphen der drei Funktionen im Bereich $0 \leq x \leq 6$ in ein Koordinatensystem (1 Einheit $\triangleq$ 2 cm). Beschreibe Gemeinsamkeiten und Unterschiede der drei Graphen. Was bewirkt die Änderung des Exponenten?

ÜBEN

Klassenarbeit 1

90 Minuten

AUFGABE 1 **Zeichne die Graphen zu folgenden Funktionen.**

a) $f_1(x) = -x^2$ b) $f_2(x) = 0{,}5\,x^2$ c) $f_3(x) = -(x-1{,}5)^2 + 3$

AUFGABE 2 **Die Parabel einer der angegebenen Funktionen ist im Vergleich zur Normalparabel gestaucht, nach unten geöffnet, um drei Einheiten nach links und um vier Einheiten nach unten verschoben. Kreuze die zugehörige Funktionsgleichung an.**

☐ $f_a(x) = 2(x+3)^2 - 4$ ☐ $f_b(x) = -\frac{1}{3}(x-3)^2 - 4$ ☐ $f_c(x) = -3(x+4)^2 - 3$

☐ $f_d(x) = 0{,}5(x+3)^2 + 4$ ☐ $f_e(x) = -0{,}5(x+3)^2 - 4$ ☐ $f_e(x) = -4(x+3)^2 - 0{,}5$

AUFGABE 3 **Ordne jeder Parabel die zugehörige Funktionsgleichung zu.**

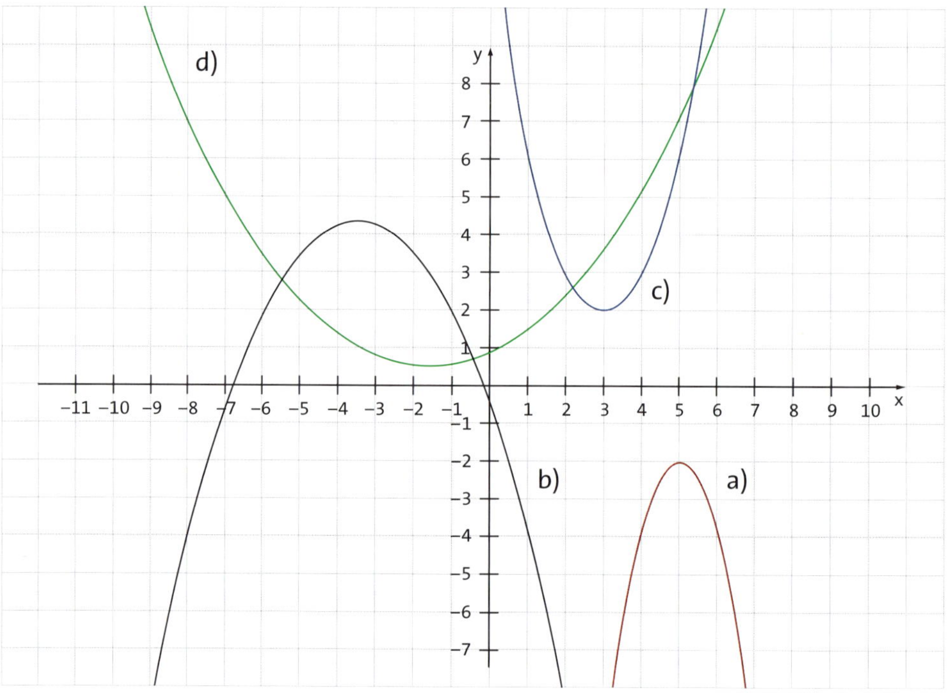

☐ $f(x) = (x-3)^2 + 2$ ☐ $f(x) = -0{,}4x^2 - 2{,}8x - 0{,}6$

☐ $f(x) = -2(x-5)^2 - 2$ ☐ $f(x) = 0{,}15(x+1{,}5)^2 + 0{,}5$

AUFGABE 4 Bestimme den Scheitelpunkt S anhand der Funktionsgleichung und beschreibe in deinem Heft stichpunktartig die Lage des zugehörigen Graphen.

a) $f_1(x) = -(x + 0{,}35)^2$
S(|)

b) $f_2(x) = (\sqrt{7} + x)^2 - 2$
S(|)

c) $f_3(x) = 2(x - a)^2$
S(|)

AUFGABE 5 Forme jeweils in die Scheitelpunktform um und bestimme den Scheitelpunkt der zughörigen Parabel.

a) $f(x) = x^2 - 8x + 18$

b) $f(x) = 2x^2 + 4x$

c) $f(x) = -\frac{1}{3}x^2 + \frac{8}{3}x - \frac{7}{3}$

AUFGABE 6 Gib an, wie die Graphen der einzelnen Funktionen durch Verschiebung nach rechts oder links (entlang der x-Achse), nach oben oder unten (entlang der y-Achse) oder durch Spiegelung jeweils aus dem Graphen der entsprechenden Wurzelfunktion $f(x) = \sqrt[n]{x}$ hervorgehen. Kreuze an.

	Verschiebung nach ...				Spiegelung an der x-Achse
	rechts	links	oben	unten	
a) $f_a(x) = \sqrt{x - 2{,}5}$	☐	☐	☐	☐	☐
b) $f_b(x) = x^{\frac{2}{3}} + 0{,}7$	☐	☐	☐	☐	☐
c) $f_c(x) = \sqrt[n]{x + \frac{1}{2}} - 2$	☐	☐	☐	☐	☐
d) $f_d(x) = -\sqrt{3 + x} + \frac{2}{3}$	☐	☐	☐	☐	☐
e) $f_e(x) = -(x + 2)^{\frac{1}{5}}$	☐	☐	☐	☐	☐

AUFGABE 7 Die Müngstener Brücke in Solingen hat einen parabelförmigen Spannbogen. Der Bogen wird ungefähr durch die Funktionsgleichung $f(x) = -\frac{1}{92}x^2 + 69{,}3$ beschreiben. Wie groß ist die Spannweite der Brücke?

AUFGABE 8 Anna will für ihr Meerschweinchen aus 18 m Maschendraht ein rechteckiges Gehege mit möglichst großem Flächeninhalt umzäunen. An einer Seite kann sie anstelle des Maschendrahts eine Hauswand benutzen. Sie will nun die optimalen Seitenlängen x und y des Rechtecks bestimmen. Kannst du ihr dabei helfen?

Klassenarbeit 2

60 Minuten

AUFGABE 9 **Bei welcher der Funktionen handelt es sich um eine quadratische Funktion, bei welcher um eine lineare Funktion, welche gehört zu keinem dieser beiden Funktionstypen? Notiere entsprechend hinter der Funktion.**

a) $y = 3x^2 + 5x - 2$

b) $y = x$

c) $y = (x - 5)(x + 5)$

d) $y = x^3 + 2x - 5$

e) $y = 2x - 5$

AUFGABE 10 **Zeichne die Graphen folgender quadratischer Funktionen mithilfe einer Wertetabelle in dein Übungsheft.**

a) $y = -2x^2 + 3$ b) $y = x^2 - 2x$ c) $y = (x + 1)^2 - 1$

AUFGABE 11 **Die Flugbahn einer Rakete kann mithilfe einer Parabel beschrieben werden. Beantworte die Fragen durch Ablesen am Graphen der abgebildeten Parabel.**

a) Welche maximale Höhe erreicht die Rakete?
b) Welche Zeit wird benötigt, um den höchsten Punkt zu erreichen?
c) In welcher Höhe befindet sich die Rakete nach 10 Sekunden?
d) Bestimme die allgemeine Scheitelpunktform der Parabel, die die Flugbahn der Rakete beschreibt.

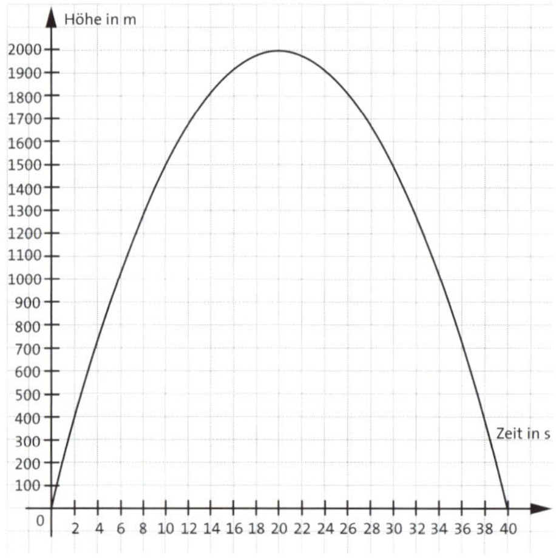

TESTEN

AUFGABE 12 **Gegeben ist die quadratische Funktion $f(x) = 0{,}5x^2 - 5x - 1$.**

a) Forme die Funktionsgleichung in die Scheitelpunktform um und bestimme den Scheitelpunkt der Parabel.
b) Was kannst du über den Verlauf der Parabel im Vergleich zur Normalparabel sagen?
c) Zeichne die Parabel mithilfe einer Wertetabelle.

AUFGABE 13 **Ordne den folgenden Graphen die richtigen Funktionsvorschriften zu. (Achtung: Es sind nicht nur Graphen quadratischer Funktionen abgebildet.)**

- ☐ $y = 0{,}5(x - 2)^2$
- ☐ $y = 4$
- ☐ $y = -2(x + 2)^2 + 4$
- ☐ $y = -2x + 4$
- ☐ $y = (x - 4)^2 - 4$

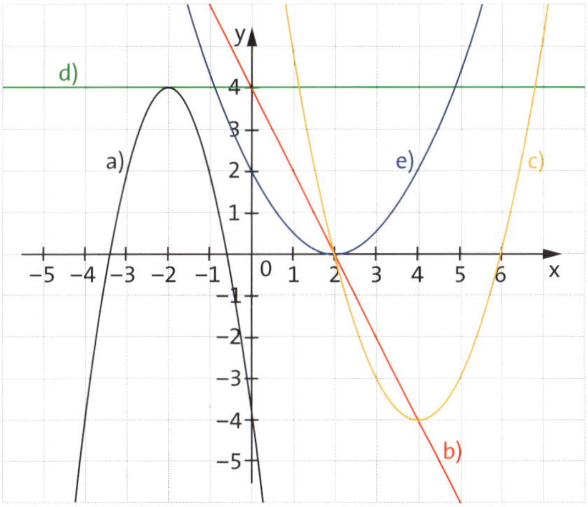

AUFGABE 14 **Bestimme die Funktionsgleichungen der beiden Parabeln. Welche wichtigen Informationen kannst du an den Graphen ablesen?**

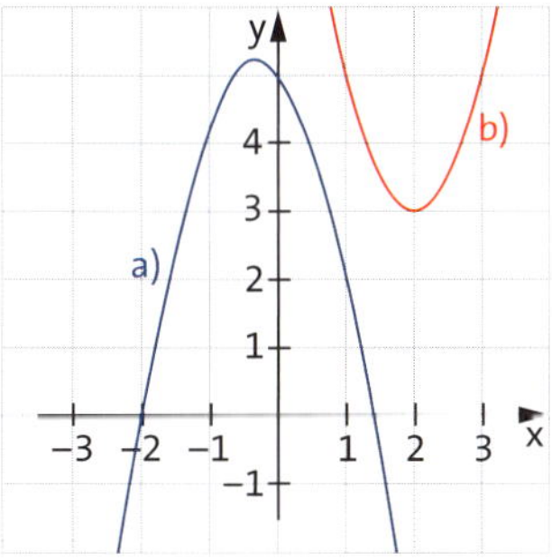

TESTEN

Klassenarbeit 3

55 Minuten

AUFGABE 15 **Gegeben ist die Wurzelfunktion $f(x) = \sqrt{2 - x}$. Bestimme anschließend den Definitionsbereich D_f und den Wertebereich W_f.**

a) Zeichne den Graphen von f mithilfe einer Wertetabelle in dein Übungsheft.

b) Bestimme den Definitionsbereich D von f: $D_f = \{x \mid \quad\}$.

c) Zeichne den Graphen g, indem du den Graphen von f an der y-Achse im Koordinatensystem spiegelst.

d) Bestimme den Definitionsbereich von g: $D_g = \{x \mid \quad\}$.

e) Notiere die Funktionsvorschrift von g:

f) Bestimme den Funktionsterm der Funktion h, wenn der Graph von h durch Streckung mit dem Faktor 2, Verschiebung um 3 Einheiten nach links und 4 Einheiten nach unten aus g hervorgeht:

AUFGABE 16 **Wandle die gegebene Scheitelpunktform in die Normalform oder die allgemeine Form um. Notiere vor dem Rechnen zunächst, welche Form man erhalten wird.**

Scheitelpunktform	Normalform oder allgemeine Form?
a) $y = (x + 5)^2$	
b) $y = 2(x - 2{,}5)^2 + 3$	
c) $y = (x - 3)^2 + 1$	
d) $y = -2\left(x - \frac{1}{4}\right)^2 + \frac{3}{8}$	

AUFGABE 17 **Bestimme die Nullstellen der quadratischen Funktionen.**

a) $y = x^2 - x - 6$
b) $y = -4x^2 - 8x + 12$
c) $y = (x - 135)(x + 2005)$

AUFGABE 18 **Bestimme die Scheitelpunkte der Parabeln.**

a) $y = x^2 - x + 1$
b) $y = -4x^2 - 8x + 12$
c) $y = (x - 6)(x + 6)$

TESTEN

AUFGABE 19 Untersuche das Monotonieverhalten mithilfe der abgebildeten Funktionsgraphen. (Achtung: Es sind nicht nur Graphen quadratischer Funktionen abgebildet.)

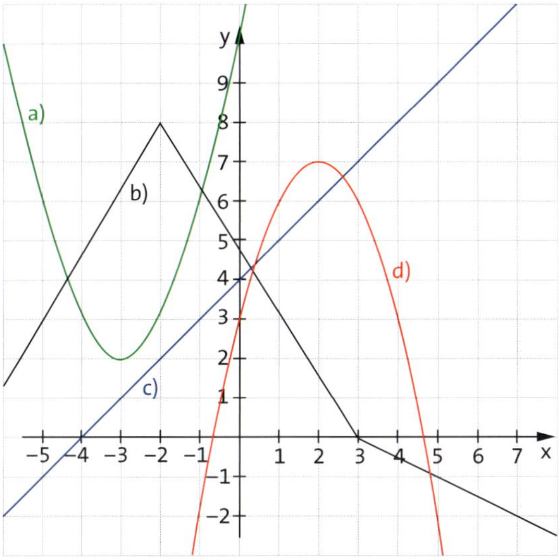

Graph	Monotonieverhalten der Funktion	
	streng monoton steigend	streng monoton fallend
a)		
b)		
c)		
d)		

AUFGABE 20 Löse die Extremwertaufgabe rechnerisch: Auf einem dreieckigen Acker soll ein rechteckiges Gemüsefeld angelegt werden. Eine Ecke des Feldes liegt auf der Ackerbegrenzung. Welche Seitenlängen muss das Gemüsefeld haben, damit die Anbaufläche möglichst groß wird? Wie groß ist das Feld in Quadratmetern?

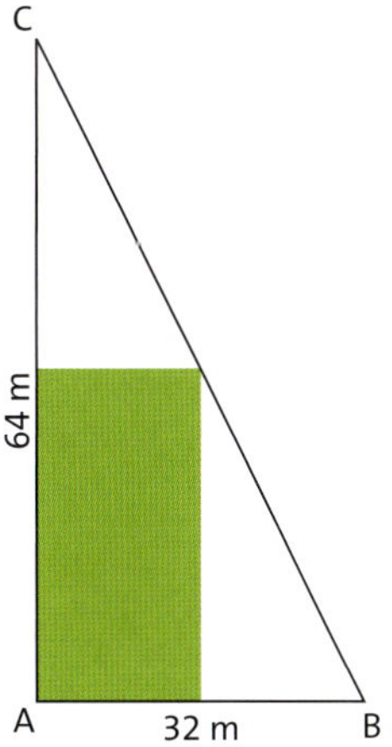

TESTEN

4 Quadratische Gleichungen

4.1 Rein quadratische Gleichungen

Eine Gleichung $ax^2 + bx + c = 0$ mit $a \neq 0$ heißt **allgemeine Form der quadratischen Gleichung.** Die Faktoren a, b, c vor den Variablen heißen **Koeffizienten.**	$7x^2 - 2x + 5 = 0$ $a = 7; b = -2; c = 5$
Die Gleichung $x^2 + px + q = 0$ heißt **Normalform der quadratischen Gleichung.** Jede quadratische Gleichung kann in die Normalform überführt werden: $ax^2 + bx + c = 0 \quad \mid :a$ $x^2 + \frac{b}{a}x + \frac{c}{a} = 0$ Mit $\frac{b}{a} = p$ und $\frac{c}{a} = q$ erhält man die **Normalform:** $x^2 + px + q = 0$	Allgemeine Form mit $a = 3, b = -2, c = 5$: $3x^2 - 2x + 5 = 0$ Division durch 3 ergibt: $x^2 - \frac{2}{3}x + \frac{5}{3} = 0$ Dies ist die Normalform. Die neuen Koeffizienten sind: $-\frac{2}{3} = p$ und $\frac{5}{3} = q$
Gleichungen der Form $\mathbf{x^2 - q = 0; q > 0}$ heißen **rein quadratische Gleichungen.** Sie lassen sich durch **Wurzelziehen** lösen: $x^2 - q = 0 \quad \mid$ 3. binomische Formel $(x + \sqrt{q})(x - \sqrt{q}) = 0$ Der Wert eines Produktes ist Null, wenn einer der beiden Faktoren Null ist. $(x + \sqrt{q}) = 0 \Leftrightarrow x_1 = -\sqrt{q}$ $(x - \sqrt{q}) = 0 \Leftrightarrow x_2 = \sqrt{q}$ Lösungsmenge: $L = \{-\sqrt{q}; \sqrt{q}\}$ *Beachte:* Für $q < 0$ gibt es keine Lösung.	Ist $\mathbf{q > 0}$, so erhält man zwei Lösungen: $x^2 - 4 = 0$ hier: $q = 4$ $x^2 - 2^2 = 0 \mid$ 3. binomische Formel $(x - 2)(x + 2) = 0$ $x_1 = -2; x_2 = 2$ $L = \{-2; 2\}$ Für $q < 0$ gibt es keine Lösung: $x^2 + 4 = 0$ $(q = -4)$ Die Gleichung ist äquivalent zu $x^2 = -4$. Die rechte Seite dieser Gleichung muss positiv sein, damit reelle Lösungen vorhanden sind. Damit gilt: $L = \{\}$
Die **rein quadratische Gleichung** $\mathbf{x^2 = 0}$ hat die einzige Lösung $x = 0$. (Hier ist $q = 0$).	$x^2 = 0$ ist gleichbedeutend mit $x = 0$; $L = \{0\}$

WISSEN

ÜBUNG 1 Kreuze das für q Zutreffende an und bestimme die Anzahl der Lösungen ohne zu rechnen.

	$q > 0$	$q < 0$	$q = 0$	Anzahl der Lösungen
a) $x^2 - 17 = 0$	☐	☐	☐	
b) $x^2 + 5 = 0$	☐	☐	☐	
c) $x^2 = 0$	☐	☐	☐	
d) $x^2 = -\sqrt{3}$	☐	☐	☐	

ÜBUNG 2 Löse durch Wurzelziehen.

a) $x^2 - 81 = 0$
b) $x^2 = 169$
c) $100 = x^2 - 21$
d) $x^2 - 3 = 0$
e) $117 = x^2$
f) $x^2 - (2 - \sqrt{5}) = 0$

ÜBUNG 3 Löse, wenn möglich, durch Wurzelziehen. Gib in jedem Fall die Lösungsmenge an.

a) $x^2 - 16 = 0$
b) $x^2 + 9 = 0$
c) $x^2 + 12 = 21$
d) $x^2 - \frac{1}{2} = -\frac{1}{2}$
e) $z^2 + \frac{1}{9} = \frac{5}{9}$
f) $t^2 = 5$

WISSEN +

Rechenabkürzung für $x^2 - q = 0$

Rein quadratische Gleichungen lassen sich besonders schnell mithilfe des Betrags einer Zahl lösen. Es gelte $q > 0$:

$x^2 - q = 0$ ist gleichbedeutend mit $x^2 = q$

$\sqrt{x^2} = \sqrt{q}$

$|x| = \sqrt{q}$

$x_1 = +\sqrt{q}; x_2 = -\sqrt{q}; L = \{\sqrt{q}; -\sqrt{q}\}$

$x^2 - 9 = 0$

$x^2 = 9 \quad |\sqrt{\ }$

$\sqrt{x^2} = \sqrt{9}$

$|x| = \sqrt{9}$

$x_1 = \sqrt{9}; x_2 = -\sqrt{9}$

$x_1 = 3; x_2 = -3$

$L = \{-3; 3\}$

Es gilt:

$\sqrt{x^2} = |x|$

ÜBUNG 4 Löse mithilfe der Rechenabkürzung.

a) $x^2 = 81$
b) $121 - x^2 = 0$
c) $4x^2 - 100 = 0$
d) $\frac{1}{4}x^2 - 25 = 0$
e) $\frac{1}{3}u^2 + 2 = 25$
f) $(3k + 2)^2 - 12k + 21 = 0$

ÜBEN

4.2 Gemischt quadratische Gleichungen

Gemischt quadratische Gleichungen der Form $\mathbf{x^2 + px = 0}$ durch Faktorisieren („Ausklammern") lösen:

$x^2 + px = 0$
$x(x + p) = 0$
$x_1 = 0;\ x_2 + p = 0$
$x_1 = 0;\ x_2 = -p$ d.h., $L = \{0; -p\}$

$x^2 - 5x = 0$
$x(x - 5) = 0$
$x_1 = 0;\ x_2 = 5$
$L = \{0; 5\}$

Gleichungen in der **Normalform** $\mathbf{x^2 + px + q = 0}$ löst man

- wenn $q = \left(\frac{p}{2}\right)^2$, direkt mithilfe der 1. oder der 2. binomischen Formel (1);
- wenn $q \neq \left(\frac{p}{2}\right)^2$, mithilfe der **quadratischen Ergänzung** (2). Anschließend muss ebenfalls die 1. oder 2. binomische Formel angewendet werden.
- alternativ mithilfe der **p-q-Formel** (3). Man kann die Lösung einer quadratischen Gleichung in Normalform **immer** durch direktes Einsetzen in die **p-q-Formel** bestimmen:

$x_1 = -\frac{p}{2} + \sqrt{\left(\frac{p}{2}\right)^2 - q};\ x_2 = -\frac{p}{2} - \sqrt{\left(\frac{p}{2}\right)^2 - q};$

$L = \{x_1; x_2\}$

(1) $x^2 + 10x + 25 = 0$ | 1. binomische Formel
$(x + 5)^2 = 0$
$(x + 5)(x + 5) = 0;\ x = -5$
$L = \{-5\}$

(2) $x^2 + 10x + 21 = 0$ | -21
$x^2 + 10x = -21$ | $+5^2$ (quadr. Ergänzung)
$x^2 + 10x + 5^2 = 5^2 - 21$
$(x + 5)^2 = 4$ | $\sqrt{\ }$
$x_1 = -3$ oder $x_2 = -7$
$L = \{-3; -7\}$

(3) $x^2 + 10x + 21 = 0$
einsetzen mit $p = 10;\ q = 21$:
$x_1 = -\frac{10}{2} + \sqrt{\left(\frac{10}{2}\right)^2 - 21} \Leftrightarrow$
$x_1 = -5 + \sqrt{4} = -3$

$x_2 = -\frac{10}{2} - \sqrt{\left(\frac{10}{2}\right)^2 - 21} \Leftrightarrow$
$x_2 = -5 - \sqrt{4} = -7$

$L = \{-3; -7\}$

$D = \left(\frac{p}{2}\right)^2 - q$ heißt Diskriminante.

D „entscheidet" über die Anzahl der Lösungen.

Anzahl der Lösungen:
$D = 0$: Eine (doppelte) Lösung
$D > 0$: Zwei Lösungen
$D < 0$: Keine Lösung

Quadratische Gleichungen in der **allgemeinen Form** $\mathbf{ax^2 + bx + c = 0}$ müssen erst in die Normalform überführt werden, wenn man eines der genannten Lösungsverfahren anwenden will.

Allgemeine Form
$ax^2 + bx + c = 0$
$4x^2 + 8x + 12 = 0$

↓

Normalform
$x^2 + px + q = 0$
$x^2 + 2x + 3 = 0$

ÜBUNG 5 Löse durch Faktorisieren.

a) $4x^2 - 12x = 0$ b) $1{,}5x^2 + 9x = 0$ c) $-24x = 48x^2$

ÜBUNG 6 Wandle die quadratische Gleichung in die Normalform um.

a) $3x^2 - 3x + 2 = 0$ b) $-x^2 + 17x - 5 = 0$ c) $2x(x - 1) = 4(x + 9)$

ÜBUNG 7 Kreuze die Gleichungen an, die direkt mithilfe der 1. oder 2. binomischen Formel gelöst werden können. Löse die übrigen Gleichungen mithilfe der quadratischen Ergänzung.

- [ ] a) $x^2 + 7x + 49 = 0$
- [ ] b) $x^2 - 4x + 5 = 0$
- [ ] c) $8x = -16 - x^2$
- [ ] d) $x^2 + 8x + 8 = 0$
- [ ] e) $8 = x^2 + 2x$
- [ ] f) $x^2 - 2x + 1 = 0$
- [ ] g) $2u^2 - 11u - 6 = 0$
- [ ] h) $x^2 - 6x + 9 = 0$
- [ ] i) $4x^2 - 12x + 9 = 0$

WISSEN +

Term- und Äquivalenzumformungen

Äquivalenzumformungen (Ä) sind Umformungen, die weder Lösungsmenge noch Grundmenge einer Gleichung verändern. Viele Äquivalenzumformungen wie das Addieren oder Subtrahieren einer Zahl müssen auf beiden Seiten der Gleichung durchgeführt werden.

Merke: Quadrieren und Wurzelziehen sind keine Äquivalenzumformungen!

$6\left(2x - \frac{5}{6}\right) - 8x = -9$	T	$L = \{-1\}$
$12x - 5 - 8x = -9$	T	$L = \{-1\}$
$4x - 5 = -9 \quad \mid +5$	Ä	$L = \{-1\}$
$4x = -4 \quad \mid :4$	Ä	$L = \{-1\}$
$x = -1$		$L = \{-1\}$

Termumformungen (T) sind besondere Äquivalenzumformungen: Sie können auf einer Seite oder auf beiden Seiten der Gleichung durchgeführt werden. Sie verändern die Lösungsmenge in keinem Fall.

Beispiele für Termumformungen: Auflösen von Klammern, Ausklammern, Ausmultiplizieren, Kürzen und Erweitern von Brüchen, Ordnen und Zusammenfassen.

ÜBUNG 8 Notiere in der entsprechenden Zeile, ob eine Termumformung (T), eine Äquivalenzumformung (Ä) oder keine von beiden Umformungen (K) durchgeführt wird.

a)
$-2 + x^2 + 4 + x = x^2 + 7$ ___
$x^2 + 2 + x = x^2 + 7$ ___
$2 + x = 7$ ___
$x = 5$

b)
$2(x + 2) = 6x - 4$ ___
$4x + 4 = 6x - 4$ ___
$-2x = -8$ ___
$x = 2$

ÜBEN

ÜBUNG 9 **Zeige anhand der Beispiele, dass die jeweilige Umformung keine Äquivalenzumformung ist.**

Umformung	Gleichung	Lösungsmenge
a) Quadriere die Gleichung auf	$x = 2$	L = { }
beiden Seiten.		L = { }
b) Dividiere die Gleichung durch	$x^2 = 3x$	L = { }
Variable x.		L = { }
c) Multipliziere die Gleichung	$x = 5$	L = { }
mit dem Term 2x .		L = { }

ÜBUNG 10 **Löse mithilfe der p-q-Formel. Denke daran, die Gleichung gegebenenfalls zuerst in die Normalform umzuformen.**

a) $x^2 + 8x + 7 = 0$ b) $x^2 - x - 20 = 0$ c) $2x^2 - 20x - 192 = 0$

WISSEN

Zerlegung in Linearfaktoren
Jede quadratische Gleichung mit den Lösungen x_1 und x_2 lässt sich in **Linearfaktoren** zerlegen:
$(x - x_1) \cdot (x - x_2) = 0$

Diese Schreibweise einer quadratischen Gleichung heißt **Produktdarstellung.**

$x^2 - 5x - 6 = 0$
Bestimme x_1, x_2 mit der p-q-Formel:
$x_{1,2} = -\frac{-5}{2} \pm \sqrt{\left(\frac{-5}{2}\right)^2 + 6}$
$x_1 = 2{,}5 + \sqrt{12{,}25} = 6;$
$x_2 = 2{,}5 - \sqrt{12{,}25} = -1$
Du erhältst:
$x^2 - 5x - 6 = (x - 6) \cdot (x + 1) = 0$

ÜBUNG 11 **Schreibe die quadratische Gleichung in Produktschreibweise.**

a) $x^2 - 2x - 8 = 0$ b) $x^2 - 4{,}5x - 17{,}5 = 0$ c) $5x^2 + 8x + 3 = 0$

ÜBUNG 12 **Die quadratische Gleichung ist jeweils in der Produktdarstellung angegeben. Notiere die zugehörige allgemeine Form und gib die Lösungen an, ohne zu rechnen.**

Gleichung	Umformung in die allg. Form	Lösungen	
a) $(x - 2)(x - 3) = 0$		$x_1 =$	$x_2 =$
b) $(x + 5)(x - 8) = 0$		$x_1 =$	$x_2 =$

ÜBEN

ÜBUNG 13 **Fülle die Lücken in der Herleitung der p-q-Formel aus.**

1. $x^2 + px + q = 0 \quad | \; \square$

2. $x^2 + px \qquad = -q \quad | \; \square$ (quadratische Ergänzung)

3. $x^2 + px + \square \quad = \square \quad - q$

4. $\left(\square \right)^2 = \left(\frac{p}{2}\right)^2 - q \quad | \; \square$

5. $x + \square \quad = \pm\sqrt{\left(\frac{p}{2}\right)^2 - q} \quad | -\frac{p}{2}$

6. $x_{1,2} = - \square \quad \pm\sqrt{\left(\frac{p}{2}\right)^2 - \square}$

WISSEN

Satz von Vieta
Sind x_1 und x_2 die Lösungen der quadratischen Gleichung $x^2 + px + q = 0$, so gilt:

$x_1 + x_2 = -p$

$x_1 \cdot x_2 = q$

Mithilfe des Satzes von Vieta kannst du
– die jeweils **zweite, noch unbekannte Lösung** bestimmen;
– leicht eine **Probe** durchführen, um deine Rechenergebnisse zu überprüfen;
– **p und q** aus den Lösungen x_1 und x_2 berechnen, um eine unbekannte **quadratische Gleichung aufzustellen.**

ÜBUNG 14 **Nutze im Folgenden die Gleichungen des Satzes von Vieta. Orientiere dich bei deiner Rechnung an der linken Beispielspalte.**

a) Bestimme die zweite Lösung der Gleichung.

Gegeben: $x^2 + 3x - 10 = 0$; $x_1 = 2$	Gegeben: $x^2 + 6x - 7 = 0$; $x_1 = -7$
Bedingungen: $2 + x_2 = -3$ und $2 \cdot x_2 = -10$	
Es folgt: $x^2 = \frac{-10}{2} = -5$	

b) Prüfe, ob die angegebene Lösungsmenge der quadratischen Gleichung richtig ist.

Gegeben: $x^2 + 4x - 5 = 0$; $x_1 = 1$; $x_2 = -5$	Gegeben: $x^2 + 2x = 8$; $x_1 = 2$; $x_2 = -4$
Probe: $1 + (-5) = -4$ und $1 \cdot (-5) = -5$	
$-4 = -p \Rightarrow 4 = p$ richtig; $-5 = q$ richtig	

ÜBUNG 15 Bestimme p und q, kreuze für D (Diskriminante; ↑ Kap. 4.2) die richtige Ungleichung an und notiere die Anzahl der Lösungen.

	$D > 0$	$D < 0$	$D = 0$	Anzahl der Lösungen
a) $x^2 + 4x + 3 = 0$				
p = ___ q = ___	☐	☐	☐	
b) $x^2 + \sqrt{2} = 0$				
p = ___ q = ___	☐	☐	☐	
c) $x^2 - 0{,}2x + 0{,}01 = 0$				
p = ___ q = ___	☐	☐	☐	

WISSEN +

Grafische Lösung

Eine quadratische Gleichung kannst du grafisch lösen, indem du die Schnittpunkte zweier Graphen bestimmst.

1. Löse die Gleichung nach x^2 auf.
2. Fasse linke und rechte Seite der Gleichung jeweils als Funktionsterm einer linearen Funktion und der quadratischen Funktion $f(x) = x^2$ auf.
3. Zeichne die Graphen von f und g (↑ Kap. 3).
   Der Graph von f ist die Normalparabel.
   Der Graph von g ist eine Gerade.
4. Die x-Koordinaten der Schnittpunkte sind die Lösungen der Gleichung.

$2x^2 + 2x - 4 = 0$; $x^2 = -x + 2$

$f(x) = x^2$ und $g(x) = -x + 2$; $L = \{-2; 1\}$

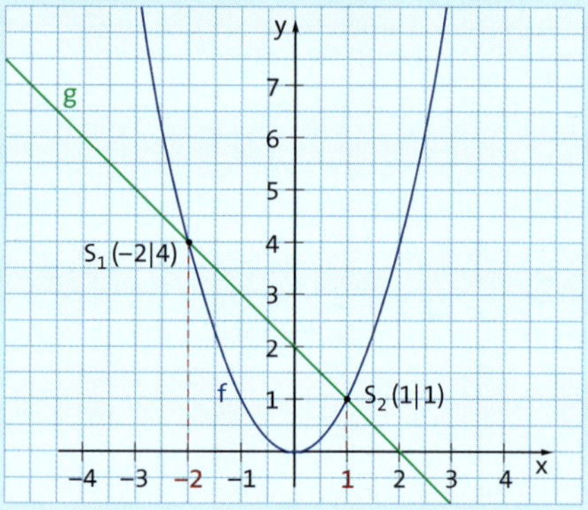

ÜBUNG 16 Bestimme die Lösung zeichnerisch.

a) $x^2 - 2x = 0$ b) $x^2 + 0{,}5x - 1{,}5 = 0$ c) $x^2 - x - 6 = 0$

ÜBUNG 17 Bestimme die Lösungsmenge.

a) $\frac{1}{2}(x - 3)^2 = 2(x^2 - 9)$ b) $(3z + 5)^2 - 29z - 45 = z(7z - 3)$

ÜBUNG 18 Bestimme eine Zahl p, für die die angegebene quadratische Gleichung ganzzahlige Lösungen hat.

a) $x^2 + px + 20 = 0$ b) $x^2 + px - 30 = 0$

4.3 Bruchgleichungen und Wurzelgleichungen

Gleichungen, in denen Bruchterme (Variable im Nenner) vorkommen, heißen **Bruchgleichungen.** Die **Definitionsmenge** darf nur Zahlen beinhalten, für die der Nenner ungleich null ist. Eventuell musst du den Nenner zur Bestimmung der Definitionsmenge **faktorisieren** (in Linearfaktoren zerlegen ↑ S. 48).

$\frac{x}{x^2-4} = \frac{3}{x+2}$ | Faktorisieren des Nenners

$\frac{x}{(x-2)(x+2)} = \frac{3}{x+2}$;

Definitionsmenge: $D = \mathbb{R} \setminus \{-2; 2\}$

Bruchgleichungen lösen:

1. Bestimme den **Hauptnenner** (Produkt aus allen *unterschiedlichen* Faktoren der Nenner).

(1) Hauptnenner: $(x-2)(x+2)$

2. Multipliziere beide Seiten der **Gleichung mit dem Hauptnenner.**

(2) $\frac{x}{(x-2)(x+2)} = \frac{3}{x+2} \quad | \cdot (x-2)(x+2)$

3. Kürze so weit wie möglich. Löse die Gleichung (nun ohne Nenner) **nach x auf.** Führt das Zusammenfassen auf eine quadratische Gleichung, so muss diese gelöst werden.

(3) $\frac{x(x-2)(x+2)}{(x-2)(x+2)} = \frac{3(x-2)(x+2)}{x+2}$

$x = 3(x-2)$

$x = 3$

4. Probe: Die Multiplikation einer Gleichung mit einem Term oder einer Variablen ist nicht unbedingt eine Äquivalenzumformung, daher musst du prüfen, ob die berechnete Lösung zur Definitionsmenge gehört und die *Ausgangsgleichung* löst.

(4) $\frac{3}{3^2-4} = \frac{3}{3+2}$; $\frac{3}{5} = \frac{3}{5}$

$L = \{3\}$

Eine Gleichung, in der die Variable unter einem Wurzelzeichen vorkommt, heißt **Wurzelgleichung.**

Die **Definitionsmenge** darf nur Zahlen beinhalten, für die der Radikand nicht negativ ist. Du musst also die Definitionsmenge bestimmen.

$x = \sqrt{20-4x} + 6$

Radikand: $20 - 4x$

$20 - 4x = 0$; $x = 5$

Definitionsmenge: $D = \{x \mid x \le 5\}$

Wurzelgleichungen lösen:

1. Isoliere die Wurzel.

(1) $x = \sqrt{20-4x} + 6 \quad | -6$

2. Quadriere beide Seiten der Gleichung.

(2) $x - 6 = \sqrt{20-4x} \quad | (\ )^2$

3. Isoliere die Variable (oder eine weitere Wurzel). Löse die Gleichung nach x auf.

(3) $(x-6)^2 = 20 - 4x$

$x^2 - 8x + 16 = 0 \iff x = 4$

4. Probe: Quadrieren ist keine Äquivalenzumformung, daher musst du prüfen, ob die Lösung zur Definitionsmenge gehört und die *Ausgangsgleichung* löst.

(4) Probe: $4 = \sqrt{20 - 4 \cdot 4} + 6$

$\iff 4 = 8$ falsch

$L = \{\ \}$

ÜBUNG 19 **Ergänze in der Tabelle zuerst den faktorisierten Nenner und bestimme anschließend die Definitionsmenge.**

Bruchgleichung	faktorisierten Nenner notieren	Definitionsmenge
a) $\frac{x}{2x-8}+\frac{2}{x}=\frac{x}{x-4}$	$\frac{x}{\_\_\_\_\_}+\frac{2}{x}=\frac{x}{x-4}$	$D=\mathbb{R}\setminus\{\quad\}$
b) $\frac{x^2}{x^2-9}=\frac{1}{x+3}$	$\frac{x^2}{\_\_\_\_\_}=\frac{1}{x+3}$	$D=\mathbb{R}\setminus\{\quad\}$
c) $\frac{2x+1}{2x}=\frac{2x^2-1}{x^2-2x+1}$	$\frac{2x+1}{2x}=\frac{2x^2-1}{\_\_\_\_\_}$	$D=\mathbb{R}\setminus\{\quad\}$

ÜBUNG 20 **Für welche x ist die Wurzelgleichung definiert?**

a) $\sqrt{x-2}=0$ $D=\{x\in\mathbb{R}\mid \quad\}$

b) $\sqrt{2x+6}+1=x-2$ $D=\{x\in\mathbb{R}\mid \quad\}$

c) $3x+2=\sqrt{x^2-3}$ $D=\{x\in\mathbb{R}\mid \quad\}$

d) $-\sqrt{x+a}=0;\ a\in\mathbb{R}$ $D=\{x\in\mathbb{R}\mid \quad\}$

ÜBUNG 21 **Bestimme jeweils die Lösungsmenge der Bruchgleichung.**

a) $\frac{x-5}{3}-\frac{x+8}{x}=-\frac{8}{x}$

b) $\frac{x-2}{x+2}=\frac{x+1}{x-1}-\frac{9}{5}$

c) $\frac{3x^2+25}{x^2-25}=\frac{2x}{x-5}-\frac{5-x}{5+x}$

WISSEN

Überkreuzmultiplikation

Wenn eine Bruchgleichung die spezielle Form

$\frac{a}{b}=\frac{c}{d}$

hat, wobei a, b, c und d für den jeweiligen Zähler bzw. Nenner der Bruchterme stehen, so lässt sich die Gleichung durch „Überkreuzmultiplikation" lösen:

$a\cdot d=b\cdot c$

$\frac{x+3}{x-4}=\frac{x-1}{x+2}$

Überkreuzmultiplikation:

$(x+3)\cdot(x+2)=(x-1)\cdot(x-4)$

$x^2+5x+6=x^2-5x+4$

Zusammenfassen:

$10x=-2 \Leftrightarrow x=-\frac{1}{5}$

Probe durchführen; $L=\{-\frac{1}{5}\}$

ÜBUNG 22 **Löse die folgenden Bruchgleichungen durch Überkreuzmultiplikation.**

a) $\frac{3}{x-1}=\frac{2}{x-2}$

b) $\frac{x+1}{x-5}=\frac{x+1}{x+6}$

c) $\frac{4-8x}{3-6x}=\frac{4x+8}{3x+6}$

ÜBEN

ÜBUNG 23 Bestimme jeweils die Definitionsmenge und die Lösungsmenge.

a) $x + 2\sqrt{x} = 3$ b) $\sqrt{4x-4} + 1 = x$ c) $\sqrt{x+26} + 3x = 2x + 16$

ÜBUNG 24 Ermittle die Lösungsmenge der folgenden Wurzelgleichungen. (Achtung: Bei zwei Wurzeltermen muss zweimal isoliert bzw. quadriert werden!)

a) $\sqrt{x+2} + 1 = \sqrt{2x+2}$ b) $\sqrt{4-2x} + \sqrt{1+4x} = 3$

WISSEN

Der Goldene Schnitt

Der **Goldene Schnitt** ist ein Längenverhältnis bzw. eine Proportion, die als besonders schön empfunden wird. Diese Proportion findet sich daher in vielen Kunst- und Bauwerken.

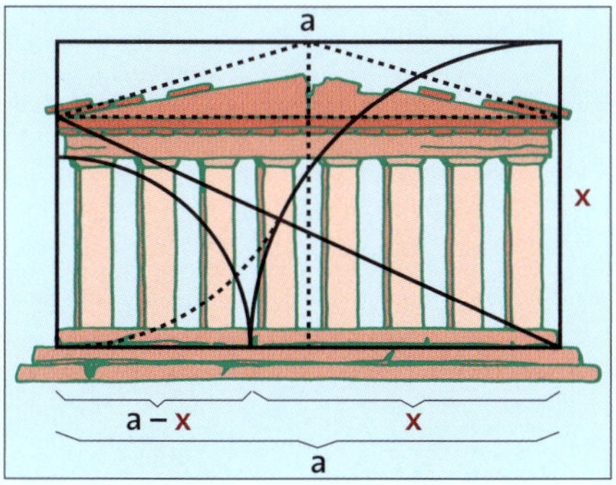

Gilt für die Längenverhältnisse einer Strecke $\frac{a}{x} = \frac{x}{a-x}$, so ist die Strecke nach dem Goldenen Schnitt geteilt.

Beim Parthenon-Tempel in Athen stehen Höhe und Breite im Verhältnis des Goldenen Schnitts. Das umschreibende Rechteck heißt deshalb **Goldenes Rechteck.**

Umformung der Bruchgleichung durch Überkreuzmultiplikation und Zusammenfassen liefert:

$a^2 - ax = x^2$ bzw.

$x^2 + ax = a^2 \quad |$ (quadratische Ergänzung)

$x^2 + ax + \left(\frac{a}{2}\right)^2 = a^2 + \left(\frac{a}{2}\right)^2$

$\left(x + \frac{a}{2}\right)^2 = \frac{5}{4}a^2 \quad | \sqrt{\ }$

Die positive Lösung der Gleichung ist:

$x_1 = -\frac{a}{2} + \frac{a}{2}\sqrt{5} = \frac{a}{2}(\sqrt{5} - 1)$

Für das Streckenverhältnis k der Gesamtstrecke zur längeren Teilstrecke ergibt sich:

$k = \frac{a}{x} = \frac{a}{\frac{a}{2}(\sqrt{5}-1)} = \frac{2}{(\sqrt{5}-1)}$

$= \frac{2(\sqrt{5}+1)}{(\sqrt{5}-1)(\sqrt{5}+1)} = \frac{1}{2}(1 + \sqrt{5}) \approx 1{,}618$

Das Streckenverhältnis k ist eine irrationale Zahl.
Es ist $x \approx 0{,}618 \cdot a$; $a \approx 1{,}618 \cdot x$

ÜBUNG 25 Rechne nach, dass auch für das Streckenverhältnis der längeren Teilstrecke zur kürzeren Teilstrecke gilt: $\frac{x}{a-x} = \frac{1}{2}(1 + \sqrt{5})$.

4.4 Quadratische Ungleichungen

Zwei Terme, die durch eines der Relationszeichen >, <, ≥ oder ≤ verbunden sind, bilden eine **Ungleichung.**

Beispiele quadratischer Ungleichungen:
$2x^2 + 4x - 12 > 0$ $5x^2 - 5x < 0$
$(x - 4)(x + 5) \geq 0$ $-3x^2 + 0{,}5x \leq 2$

Quadratische Ungleichungen können in die **Normalform** umgeformt werden.

Beachte: Bei Division durch oder Multiplikation mit einer negativen Zahl musst du das Ungleichheitszeichen umdrehen!

$2x^2 - 4x + 8 < 0 \quad | :(2)$
$x^2 - 2x + 4 < 0$ (Zeichen bleibt gleich)

$-2x^2 + 4x - 8 < 0 \quad | :(-2)$
$x^2 - 2x + 4 > 0$ (Zeichen wird umgedreht)

Ungleichungen grafisch lösen:
1. Forme die Ungleichung so um, dass auf einer Seite Null steht, ersetze das Ungleichheitszeichen zunächst durch ein Gleichheitszeichen.
2. Fasse die entstandene Gleichung als Funktionsgleichung auf. Forme in die Scheitelpunktform (↑ Kap. 3.2) um.
3. Zeichne die Parabel, die du durch Darstellen der zugehörigen Funktion $y = f(x) = \ldots$ im Koordinatensystem erhältst.
4. Markiere den Lösungsbereich auf der x-Achse farbig.
5. Gib die Lösungsmenge an.

(1) $x^2 - 2x < 3 \quad | -3$
$x^2 - 2x - 3 = 0$
(2) $(x - 1)^2 - 4 = 0$
$y = (x - 1)^2 - 4$; Scheitelpunkt $S\,(1\,|\,-4)$
(3) + (4)

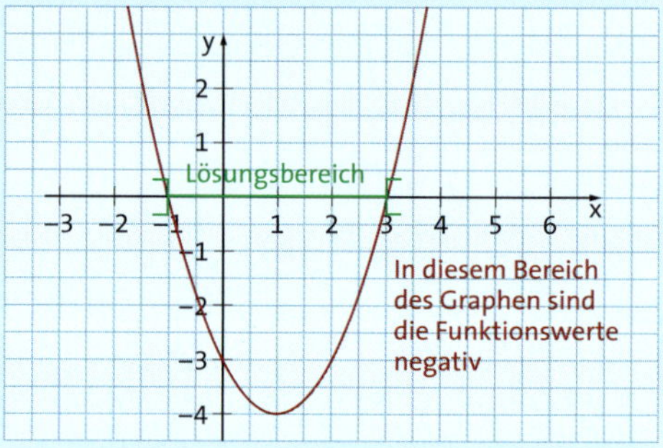

(5) $L = \{x \in \mathbb{R} \mid -1 < x < 3\}$

Ungleichungen rechnerisch lösen:
1. Forme die Ungleichung so um, dass auf einer Seite Null steht. Du erhältst:
$x^2 + px + q \leq 0$ bzw. $x^2 + px + q \geq 0$
2. Berechne die **Lösungen der zugehörigen quadratischen Gleichung.**
3. Fallunterscheidung:
(a) x_1; x_2 sind Lösungen mit $x_1 < x_2$, dann gilt:
$L = \{x \in \mathbb{R} \mid x_1 \leq x \leq x_2\}$ bzw.
$L = \{x \in \mathbb{R} \mid x \leq x_1 \text{ oder } x \geq x_2\}$ oder
(b) Gleichung hat nur eine Lösung, dann gilt:
$L = x_1$ bzw. $L = \mathbb{R}$ (oder $L = \mathbb{R} \setminus \{x_1\}$) oder
(c) Gleichung hat keine Lösung, dann gilt:
$L = \{\,\}$ bzw. $L = \mathbb{R}$

$x^2 - x - 2 \leq 0$
(1) $x^2 - x - 2 = 0$
(2) $x_1 = -1$; $x_2 = 2$
$L = \{x \in \mathbb{R} \mid -1 \leq x \leq 2\}$
(3)

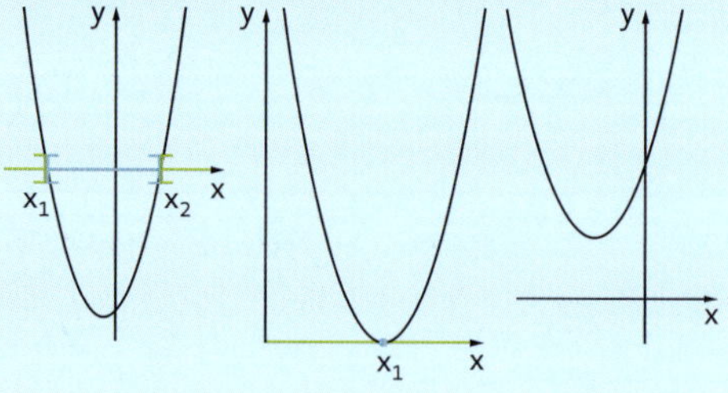

(a) (b) (c)

WISSEN

ÜBUNG 26 Gib im Übungsheft die Lösungsmenge mithilfe von „≤“ oder „≥“ an.

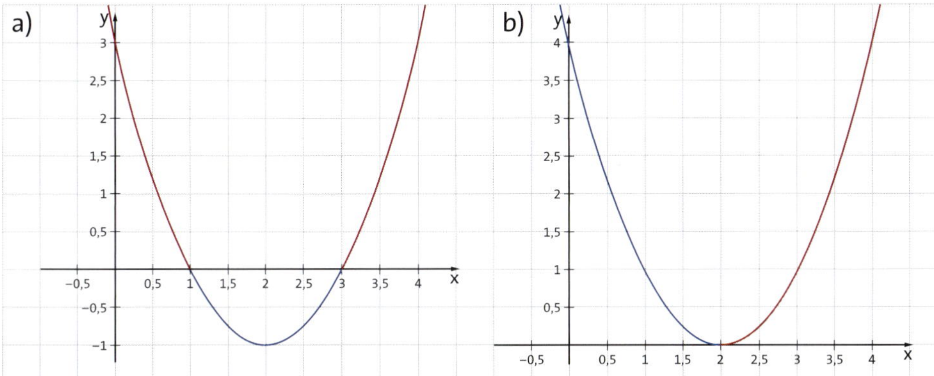

ÜBUNG 27 Bestimme grafisch die Lösungsmenge der quadratischen Ungleichung.

a) $x^2 + 8x + 12 \leq 0$ b) $x^2 + 6x + 9 \leq 0$ c) $-x^2 - 2x + 3 \leq 0$

ÜBUNG 28 Bestimme rechnerisch die Lösungsmenge.

a) $x^2 + 7x + 10 < 0$ b) $x^2 + 10x + 25 \geq 0$ c) $x^2 + 2x - 3 \geq 0$

WISSEN +

Quadratische Ergänzung
Für die Lösung der quadratischen Ungleichung $(x - b)^2 < a$ gilt:

$x - b < +\sqrt{a}$ oder $x - b > -\sqrt{a}$

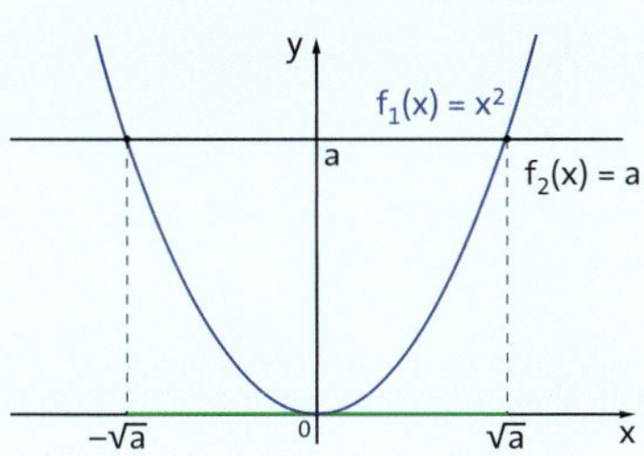

$$x^2 - 2x - 3 < 0 \quad | +3$$
$$x^2 - 2x < 3 \quad | \text{ quadratische Ergänzung}$$
$$x^2 - 2x + 1 < 3 + 1$$
$$(x - 1)^2 < 4$$

Also:
$x - 1 < +2$ oder $x - 1 > -2$
$x < 3$ oder $x > -1$

Es ergibt sich die Lösungsmenge:
$L = \{x \in \mathbb{R} \mid -1 < x < 3\}$

ÜBUNG 29 Löse die Ungleichungen mithilfe der quadratischen Ergänzung.

a) $x^2 + 7x + 10 < 0$ b) $x^2 + 10x + 25 \geq 0$ c) $x^2 + 2x - 3 \geq 0$

ÜBUNG 30 Mithilfe eines 12 m langen Maschendrahtes soll an einer Wand ein rechteckiger Hühnerstall von wenigstens 16 m² Fläche abgegrenzt werden. Wie breit kann der Hühnerstall werden?

Klassenarbeit 1

90 Minuten

AUFGABE 1 **Bestimme die Lösungsmengen der rein quadratischen Gleichungen.**

a) $6x^2 + 2 = 488$ b) $(x - 4)(x + 4) = 0$ c) $2x^2 + 14 = 3$

AUFGABE 2 **Wie lautet die Ausgangsgleichung? Notiere die zugehörige rein quadratische Gleichung.**

a) $|x| = \sqrt{7}$

b) $L = \{0\}$

c) $(x - 8)(x + 8)$

d) $L = \{-0{,}5; 0{,}5\}$

e) $\sqrt{11} = \sqrt{x^2}$

AUFGABE 3 **Löse die gemischt quadratischen Gleichungen. Klammere möglichst viel aus.**

a) $3x + x^2 = 0$ b) $\frac{2}{3}x^2 - \frac{4}{9}x = 0$ c) $-2ax^2 - 4abx = 0$; $a, b \in \mathbb{R}$

AUFGABE 4 **Löse die folgenden quadratischen Gleichungen. Kreuze zuerst an, welche Gleichungen direkt mithilfe der 1. oder 2. binomischen Formel gelöst werden können. Bestimme die Lösungsmenge. Löse dann von den übrigen Gleichungen zwei durch quadratische Ergänzung und zwei mithilfe der p-q-Formel. Überlege: Muss erst in die Normalform umgeformt werden?**

- ☐ a) $x^2 + 5x + 6{,}25 = 0$
- ☐ b) $x^2 - 2{,}5x - 12{,}5 = 0$
- ☐ c) $2x^2 - 10x + 12 = 0$
- ☐ d) $x^2 - \frac{1}{2}x + \frac{1}{16} = 0$
- ☐ e) $0{,}5x^2 + 0{,}85x - 3{,}15 = 0$
- ☐ f) $0{,}5x^2 - 1{,}5x + 4 = 0$

AUFGABE 5 **Forme in die Produktdarstellung um.**

a) $x^2 - 12x + 11 = 0$ b) $x^2 - \sqrt{7}\,x - 42 = 0$

AUFGABE 6 **Bestimme die Lösungsmenge mithilfe des Satzes von Vieta.**

Gleichung	$x_1 + x_2 = -p$	$x_1 \cdot x_2 = q$	Lösung
a) $x^2 + 4x - 32 = 0$			L = { }
b) $x^2 - 18x + 17 = 0$			L = { }
c) $x^2 - \frac{1}{4}x - \frac{1}{8} = 0$			L = { }

AUFGABE 7 **Bestimme die Lösung der Gleichung $x^2 - 2x - 3 = 0$ zeichnerisch.**

AUFGABE 8 **Notiere die Bruchgleichung mit faktorisiertem Nenner, bestimme die Definitionsmenge und den Hauptnenner. Löse die Bruchgleichung dann im Übungsheft.**

a) $\frac{2x}{2x+6} - \frac{3x-2}{x-2} = \frac{12x+6}{x^2+x-6}$ Bruchgleichung mit faktorisiertem Nenner:

Definitionsmenge $D = \mathbb{R} \setminus \{\quad\}$

Hauptnenner:

b) $\frac{x+2}{x-4} - \frac{x}{4+x} = \frac{6+2x}{x^2-16}$ Bruchgleichung mit faktorisiertem Nenner:

Definitionsmenge $D = \mathbb{R} \setminus \{\quad\}$

Hauptnenner:

AUFGABE 9 **Ermittle die Definitionsmenge und bestimme die Lösungsmenge der Wurzelgleichung $\sqrt{6+x} = 5 - \sqrt{7-x}$.**

AUFGABE 10 **Gegeben sei die Ungleichung $x^2 + px + 4 \leq 0$.**

a) Wie kann p gewählt werden, damit die Ungleichung nur eine Lösung besitzt?
b) Für welchen Wert von p gilt L = { }?
c) Wann besteht die Lösungsmenge aus einem (zwei) Intervallen?

TESTEN

Klassenarbeit 2

60 Minuten

AUFGABE 11 **Forme die quadratischen Gleichungen in die Normalform um.**

a) $6x^2 + 18x - 27 = 0$

b) $4{,}2x^2 - 16{,}8x + 2{,}52 = 0$

c) $-\frac{1}{4}x^2 - 2x + \frac{3}{8} = 0$

AUFGABE 12 **Kreuze an, welcher Rechenweg der geschickteste ist, um die gegebenen quadratischen Gleichungen zu lösen. Löse die Gleichungen dann in deinem Übungsheft.**

Gleichung	Faktorisieren	Binomische Formel	quadratische Ergänzung / p-q-Formel
a) $x^2 - 14x + 49 = 0$	☐	☐	☐
b) $2x^2 - 8x = 42$	☐	☐	☐
c) $x^2 + 2x = 0$	☐	☐	☐
d) $x(x - 6) = 6(x - 4) - 3$	☐	☐	☐
e) $x(x - 2) - 5(-2 + x)$	☐	☐	☐

AUFGABE 13 **In den beiden folgenden Abbildungen sind Normalparabeln dargestellt.**

a) Berechne die zweite Nullstelle.
b) Wie lautet die Funktionsgleichung der Parabel?

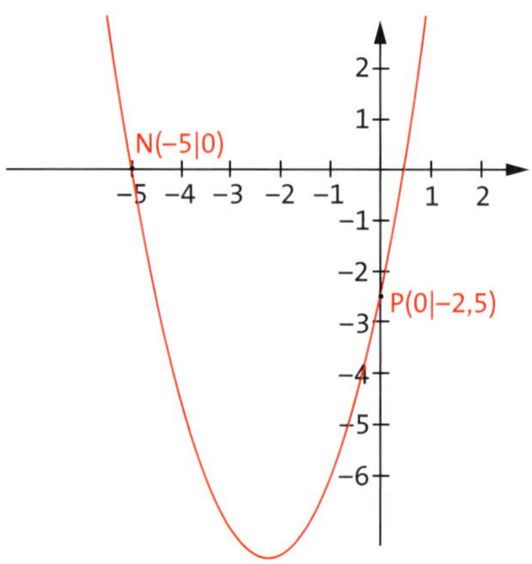

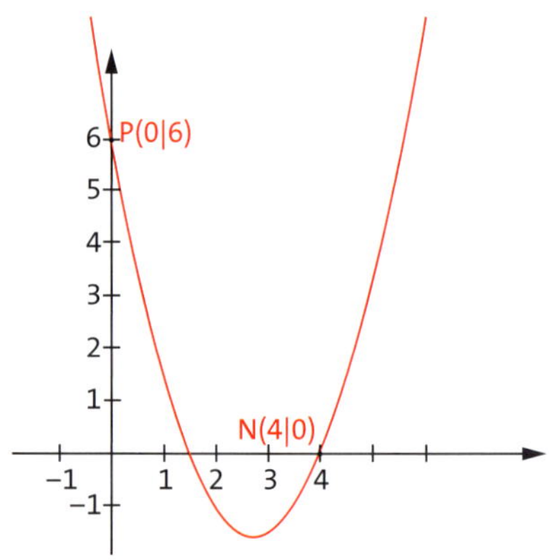

TESTEN

AUFGABE 14 **Bestimme bei den folgenden Gleichungen die Definitionsmenge und die Lösungsmenge. Führe die Rechnungen im Übungsheft durch.**

a) $\frac{2}{x} - \frac{1}{x-1} = \frac{1}{x+2}$ D = L =

b) $\sqrt{3x+1} + x = 13$ D = L =

c) $\frac{2x-3}{2x+3} - \frac{2x+3}{2x-3} = \frac{48}{4x^2-9}$ D = L =

AUFGABE 15 **Notiere jeweils unterhalb der Parabeln, welche Lösungsmenge veranschaulicht wird. (Hinweis: Die Randpunkte sollen jeweils zur Lösungsmenge gehören.)**

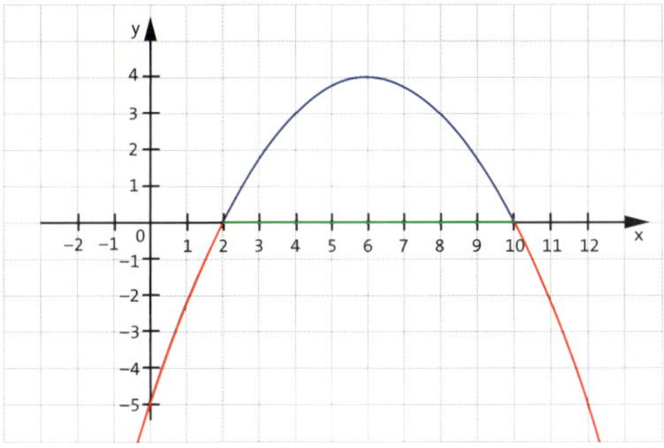

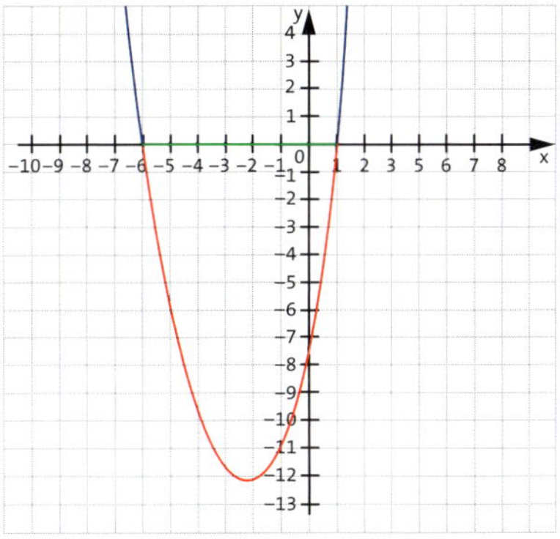

L = L =

AUFGABE 16 **In der Abbildung siehst du die Graphen einer linearen und einer quadratischen Funktion. Bestimme ihre Schnittpunkte, indem du eine quadratische Gleichung aufstellst und diese löst.**

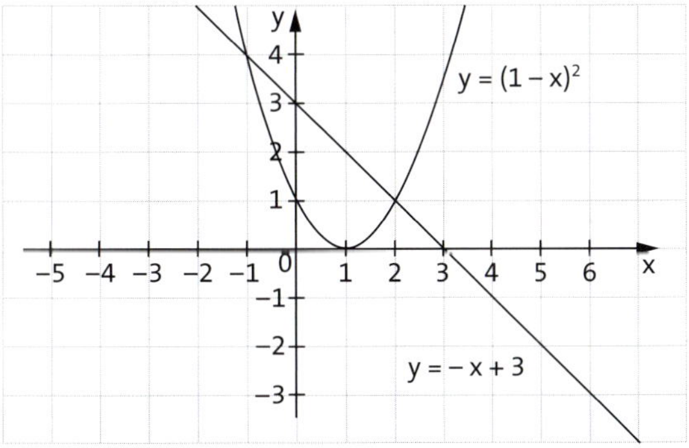

AUFGABE 17 **Bestimme die Lösungsmenge der quadratischen Ungleichung $x^2 - 4x + 3 < 0$. Zeichne anschließend die zur Ungleichung passende Parabel und veranschauliche die Lösungsmenge farbig am Graphen.**

TESTEN

Klassenarbeit 3

80 Minuten

AUFGABE 18 **Berechne die Lösungen der quadratischen Gleichungen.**

a) $x \cdot \left(x - \sqrt{\frac{1}{17}}\right) = 0$

b) $-x^2 + 3x - 2{,}25 = 0$

c) $x^2 + 4x = 0$

d) $-4 - 8x - 4x^2 = 0$

AUFGABE 19 **Die quadratische Gleichung $x^2 + ax + 25 = 0$ enthält den Parameter a (den Koeffizienten a). Für welche reellen Zahlen a hat die Gleichung zwei Lösungen, eine oder keine Lösung? Nutze die p-q-Formel und gehe schrittweise vor.**

a) Lösung in Abhängigkeit vom Parameter a:

b) Setze die Diskriminante gleich null, D = 0:

c) Löse D = 0:

d) Untersuche in deinem Übungsheft die drei möglichen Fälle und fülle aus:

Fall 1: D = 0	**Fall 2: D < 0**	**Fall 3: D > 0**
Anzahl der Lösungen:	Anzahl der Lösungen:	Anzahl der Lösungen:
Bedingung für a:	Bedingung für a:	Bedingung für a:
$L = \{a \in \mathbb{R} \mid \quad\}$	$L = \{a \in \mathbb{R} \mid \quad\}$	$L = \{a \in \mathbb{R} \mid \quad\}$

AUFGABE 20 **Überprüfe die Lösungsmengen für die drei Fälle aus Aufgabe 19 für die angegebenen Werte des Parameters a.**

a = 10	a = −2	a = 12
L = { }	L = { }	L = { }

AUFGABE 21 **Eine Parabel ist durch die Funktionsgleichung $f(x) = x^2 + x - 6$ gegeben.**

a) Löse die Gleichung mithilfe der p-q-Formel.
b) Bestimme die Nullstellen und den Scheitelpunkt der Parabel.
c) Zeichne die Parabel, markiere Nullstellen und Scheitelpunkt. Zeichne die Symmetrieachse der Parabel ein.
d) Welche geometrische Bedeutung hat die Diskriminante?

AUFGABE 22 Familie Lilienglück hat einen rechteckigen Garten, der 8 m lang und 15 m breit ist. Die Gartenfläche wird von einem Weg umschlossen, für den Herr Lilienglück 48 m^2 Pflastersteine verbaut hat. Wie breit ist der Weg?
(Hinweis: Die Zeichnung ist nicht maßstabsgerecht.)

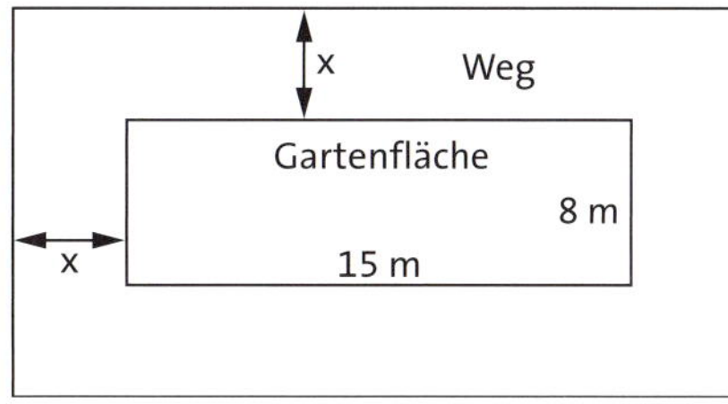

AUFGABE 23 Notiere p und q der Gleichungen und berechne die Lösungen x_1 und x_2 anschließend mithilfe des Satzes von Vieta.

Gleichung	p	q	$x_1 \cdot x_2 = q; x_1 + x_2 = -p$	x_1	x_2
a) $x^2 - 5x - 6 = 0$	5	6	$(-1) \cdot 6 = (-6); (-1) + 6 = 5$	6	-1
b) $x^2 - 5x + 6 = 0$					
c) $x^2 + 5x - 6 = 0$					
d) $x^2 + 4x + 4 = 0$					
e) $x^2 - x - 12 = 0$					

AUFGABE 24 Nutze nun die Ergebnisse aus Aufgabe 23, um die Terme in Linearfaktoren zu zerlegen.

a) $x^2 - 5x + 6 =$

b) $x^2 + 5x - 6 =$

c) $x^2 + 4x + 4 =$

d) $x^2 - x - 12 =$

AUFGABE 25 Ein Bauer hat einen Restzaun von 80 m Länge. Welche rechteckigen Grundstücksflächen könnte er einzäunen, wenn das Grundstück höchstens 300 m^2 groß sein darf? Bestimme allgemein die Bedingungen für die Seitenlängen. In der Abbildung sind drei mögliche Lösungen veranschaulicht.

Drahtlänge	Grundstücksgröße
$2 \cdot 1\text{ m} + 2 \cdot 39\text{ m} = 80\text{ m}$	$1\text{ m} \cdot 39\text{ m} = 39\text{ m}^2$
$2 \cdot 5\text{ m} + 2 \cdot 35\text{ m} = 80\text{ m}$	$5\text{ m} \cdot 35\text{ m} = 175\text{ m}^2$
$2 \cdot 7\text{ m} + 2 \cdot 33\text{ m} = 80\text{ m}$	$7\text{ m} \cdot 33\text{ m} = 231\text{ m}^2$

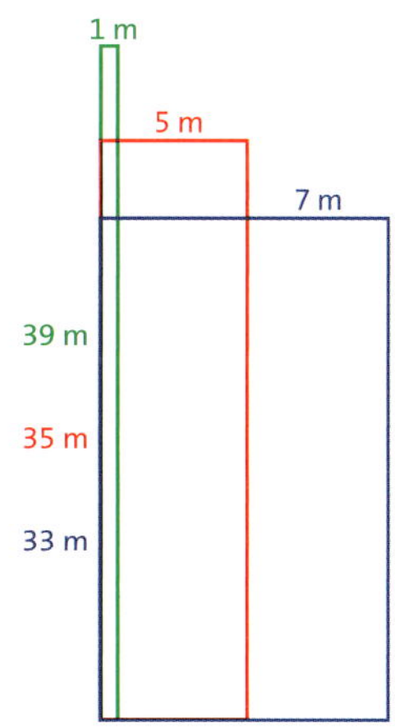

TESTEN

5 Strahlensätze und Ähnlichkeit

5.1 Streckenverhältnisse

Strecken und Figuren lassen sich in einem bestimmten Verhältnis vergrößert oder verkleinert darstellen.

Das Längenverhältnis von *Bildstrecke* CD zu *Originalstrecke* AB bezeichnet man als **Maßstab.**

Der Maßstab entspricht dem Quotienten k der Streckenlängen:

$k = \overline{CD} : \overline{AB}$ oder auch $\frac{\overline{CD}}{\overline{AB}}$

- Für **k > 1** ist das Bild eine **Vergrößerung.**
- Für **0 < k < 1** ist das Bild eine **Verkleinerung.**

Modelleisenbahnen sind meist maßstabsgetreu angefertigt:

Nenngröße (Name)	*Größenverhältnis*
H0	1 : 87
TT	1 : 120
N	1 : 160

Die echte Lok ist 15,2 m lang, wie lang ist eine entsprechende H0-Lok?
x : 15,2 m = 1 : 87; es folgt x ≈ 17,5 cm

Maßstab 1 : 500 bedeutet: 1 cm im Bild entspricht 500 cm im Original.

Maßstab 5 : 1 bedeutet: 5 cm im Bild entsprechen 1 cm im Original.

Arbeiten mit Landkarten

Landkarten sind maßstabgetreue Verkleinerungen.

Das Zahlenverhältnis, das die Verkleinerung des Kartenbildes gegenüber der Natur zum Ausdruck bringt, heißt **linearer Maßstab,** weil es um das Verhältnis von zwei Strecken geht.

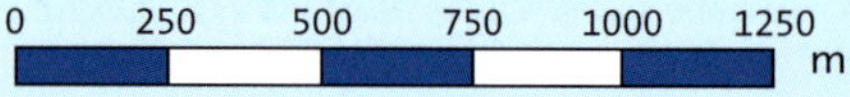

5 cm im Bild entsprechen 1250 m im Original; Maßstab 1 : 25 000

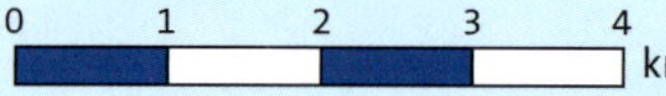

4 cm im Bild entsprechen 4 km im Original; Maßstab 1 : 100 000

ÜBUNG 1 **Bestimme das Streckenverhältnis.**

a) $s_1 = 7{,}5\,cm$; $s_2 = 40{,}5\,cm$ b) $x_1 = 14\,cm$; $x_2 = 3{,}5\,cm$ c) $\overline{MN} = 2{,}2\,cm$; $\overline{OP} = 7{,}7\,cm$

ÜBUNG 2 **Ergänze die Tabelle.**

Strecke s_1	9,8 cm	1,8 cm			65 km
Strecke s_2	39,2 cm		240 m	45 dm	
Streckenverhältnis $s_1 : s_2$		2	$\frac{5}{8}$	2,25	$\frac{4}{5}$

ÜBUNG 3 **In einem Atlas werden Gebiete, Länder und Kontinente in bestimmten Maßstäben dargestellt. Ergänze die Tabelle.**

Maßstab	Originalstrecke	Bildstrecke
	400 m	1 cm
1 : 5 000 000		4 cm
1 : 5000	1,2 km	

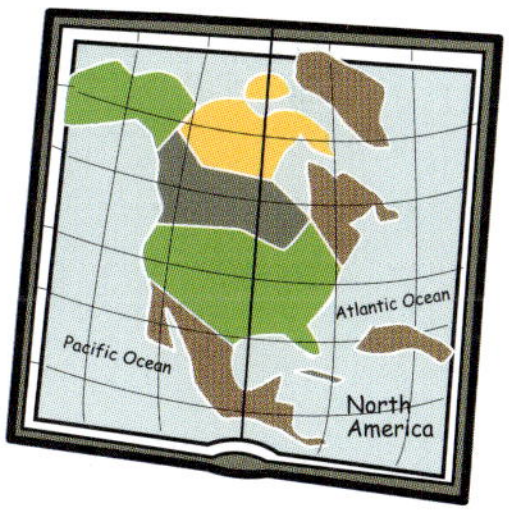

ÜBUNG 4 **Zeichne je zwei Streckenpaare mit den angegebenen Verhältnissen.**

a) 5 : 3 b) 3 : 7 c) $\frac{4}{9}$ d) 0,6 e) 2,5

ÜBUNG 5 **Der Maßstab einer Deutschlandkarte ist 1 : 15 000 000. Ergänze die Tabelle.**

Karte	1 cm	3 cm	12,8 cm				25,5 cm
Wirklichkeit				85 km	182 km	450 km	

ÜBUNG 6 **Du hast im Atlas geblättert und drei unterschiedliche Karten gefunden. Bestimme den Maßstab. Gib an, wie lang Strecken mit folgenden Längen auf der jeweiligen Karte sind: 2,5 km, 8 km, 14 km und 45 km.**

a) 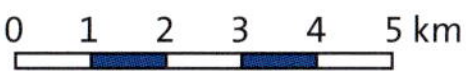

b) 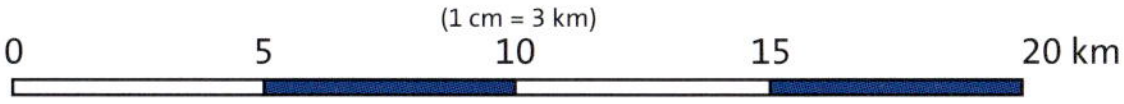

c) 

ÜBEN

5.2 Strahlensätze

Im Folgenden wird die **Strahlensatzfigur** vorausgesetzt: Die Geraden s_1 und s_2 mit dem Schnittpunkt S werden von den Parallelen g und h geschnitten.

Die Längenverhältnisse werden in den Strahlensätzen zusammengefasst.

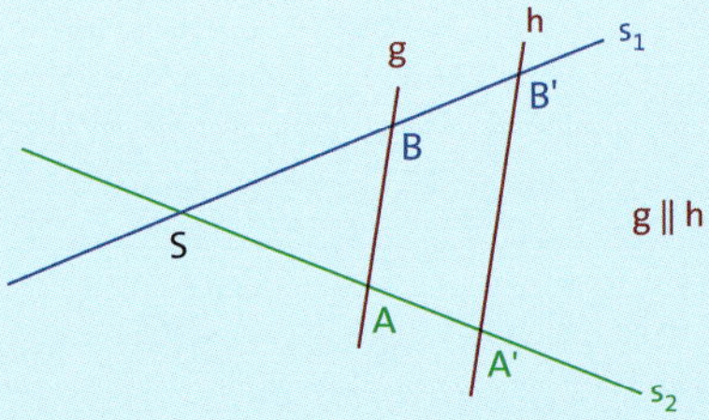

1. Strahlensatz: Werden zwei Geraden s_1 und s_2, die sich im Punkt S schneiden, von parallelen Geraden g und h in A, B bzw. A', B' geschnitten, so verhalten sich die Längen der Abschnitte auf der Geraden s_1 zueinander wie die Längen der entsprechenden Abschnitte auf der Geraden s_2.

$\overline{SA} : \overline{SA'} = \overline{SB} : \overline{SB'}$ oder $\frac{\overline{SA}}{\overline{SA'}} = \frac{\overline{SB}}{\overline{SB'}}$

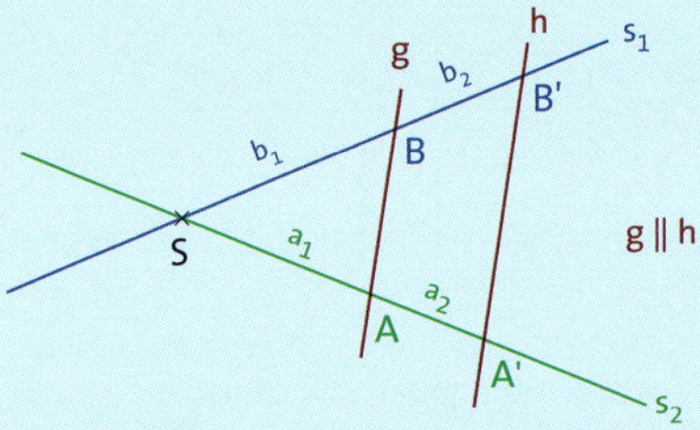

2. Strahlensatz: Werden zwei Geraden s_1 und s_2, die sich im Punkt S schneiden, von parallelen Geraden g und h in A, B bzw. A', B' geschnitten, so verhalten sich die Längen der Abschnitte auf den Parallelen wie die von S aus gemessenen Längen der entsprechenden Abschnitte auf der Geraden s_1 bzw. s_2 zueinander.

$\overline{AB} : \overline{A'B'} = \overline{SA} : \overline{SA'}$ oder $\frac{\overline{AB}}{\overline{A'B'}} = \frac{\overline{SA}}{\overline{SA'}}$

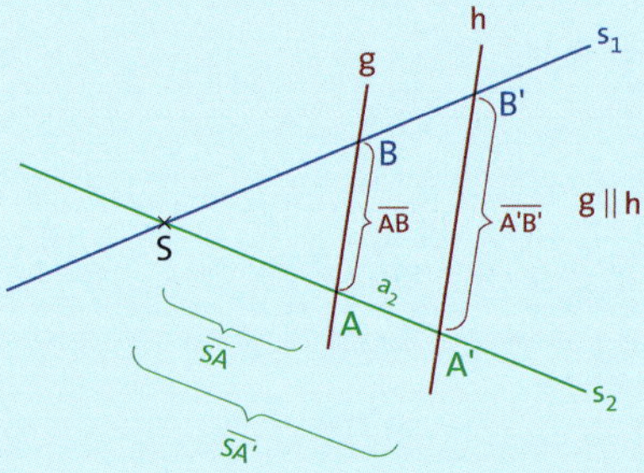

Strecken teilen oder vervielfachen: Mithilfe der Strahlensätze kann man Strecken (z. B. die Strecke AB) zeichnerisch in gleiche Teile teilen oder vervielfachen.

1. Trage von A ausgehend 4 gleich große Strecken auf einer beliebigen in A beginnenden Halbgeraden ab. Du erhältst C_1 bis C_4.
2. Verbinde C_4 mit B. Du erhältst a_4.
3. Zeichne parallel dazu die Strecken a_3 bis a_1 durch die Punkte C_3 bis C_1.

Ähnlich funktioniert das Vervielfachen einer Strecke. In der rechten Abbildung siehst du beispielsweise die Strecke $\overline{AS} = 1{,}5 \cdot \overline{AB}$.

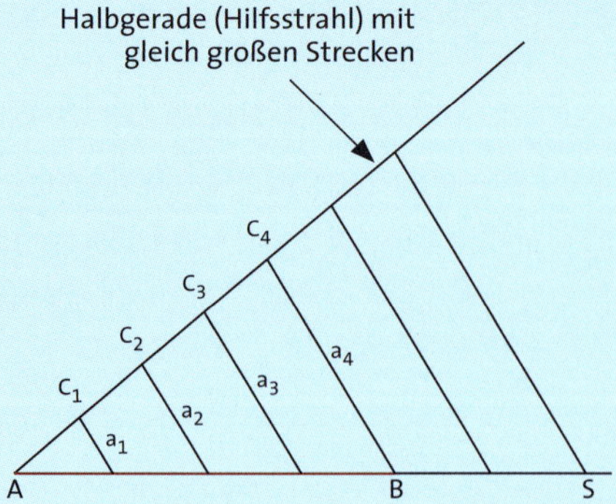

ÜBUNG 7 Zeichne in dein Übungsheft zu jeder Teilaufgabe eine Skizze, in der du die jeweils gegebenen Stücke farbig markierst.

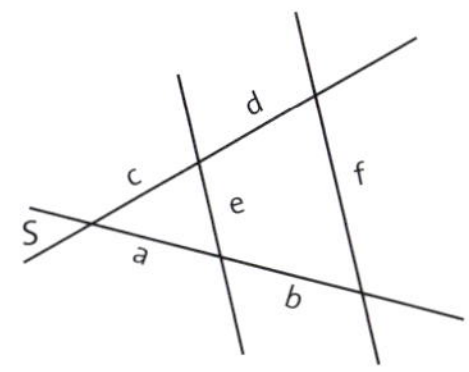

a	b	c	d	e	f	a + b	c + d
2 cm		3 cm			12,375 cm		8,25 cm
	4,8 cm		4,6 cm		9,6 cm	14,4 cm	

ÜBUNG 8 Eine Drahtseilbahn hat eine Steigung von 407 m bei 1000 m Strecke. Um wie viel höher ist die Bahn bei einer Fahrstrecke von 400 m (1085 m) gekommen?

ÜBUNG 9 Ermittle die Breite eines Flusses.

a) Bekannt sind die Längen $\overline{BC} = 44$ m, $\overline{CD} = 16{,}5$ m und $\overline{DE} = 21$ m.

b) Man wählt C und D nach Möglichkeit so, dass $\overline{BC} : \overline{CD} = 1 : 1$ ist (oder 2 : 1 oder 4 : 1). Warum ist das vorteilhaft?

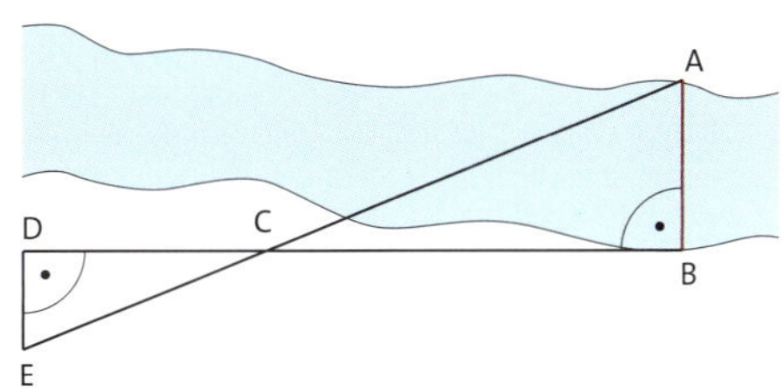

ÜBUNG 10 Die Strahlensätze liegen dem Funktionsprinzip verschiedener Mess- und Zeichengeräte zugrunde. Kleine Abstände kann man mit einem Messkeil ermitteln, den man auch selbst anfertigen kann. Für den inneren Durchmesser x des Röhrchens gilt nach dem 2. Strahlensatz:

$$\frac{d}{1{,}0\,\text{cm}} = \frac{6{,}7\,\text{cm}}{10\,\text{cm}}$$

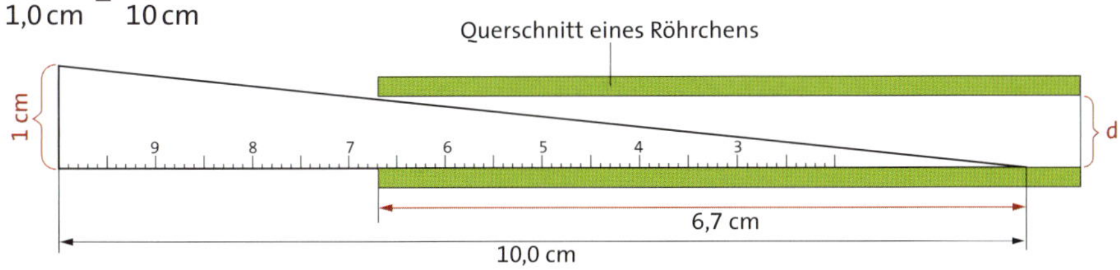

Ermittle den Innendurchmesser der Öffnung einer 0,75-Liter-Wasserflasche oder einer Milchflasche. Fertige dazu einen geeigneten Messkeil an.

ÜBUNG 11 Steffen hält mit ausgestrecktem Arm (60 cm) ein 1-Euro-Stück so, dass es gerade einen kugelförmigen Gasbehälter (Durchmesser 26,5 m) verdeckt. Wie viel Meter steht er vom Gasbehälter entfernt?

ÜBUNG 12 **Die Entfernung des Mondes von der Erde beträgt etwa 60 Erdradien ($R \approx 6370$ km). Erläutere, wie man mit Hilfe einer Murmel oder dergleichen den Monddurchmesser näherungsweise bestimmen kann.**

WISSEN

Erweiterung der Strahlensätze
Wird ein Geradenbüschel von Geraden, die sich alle im Punkt S schneiden, von einer Schar beliebig vieler, zueinander paralleler Geraden geschnitten, so gilt:

- Die Längen der Abschnitte auf einer Geraden verhalten sich zueinander wie die Längen der entsprechenden Abschnitte auf einer anderen Geraden des Büschels.
- Die Längen der Parallelenabschnitte zwischen zwei Geraden s_1 und s_2 verhalten sich zueinander wie die von S aus gemessenen Längen der entsprechenden Abschnitte auf der Geraden s_1 bzw. auf der Geraden s_2 zueinander.

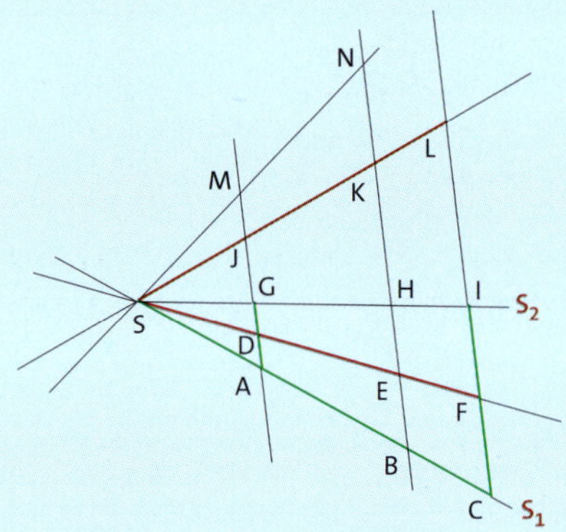

Beispiele aus der Zeichnung

$\overline{SL} : \overline{JK} = \overline{SF} : \overline{DE}$ $\overline{CI} : \overline{AG} = \overline{SC} : \overline{SA}$

ÜBUNG 13 **Ergänze mithilfe der Strahlensätze.**

AB || CD || EF

a) $\frac{\overline{SA}}{\overline{SE}} = \frac{\overline{SB}}{\square}$ b) $\frac{\overline{SA}}{\overline{AC}} = \frac{\square}{\overline{BD}}$

c) $\frac{\square}{\overline{DF}} = \frac{\overline{AE}}{\overline{CE}}$ d) $\frac{\overline{AB}}{\overline{EF}} = \frac{\overline{SA}}{\square}$

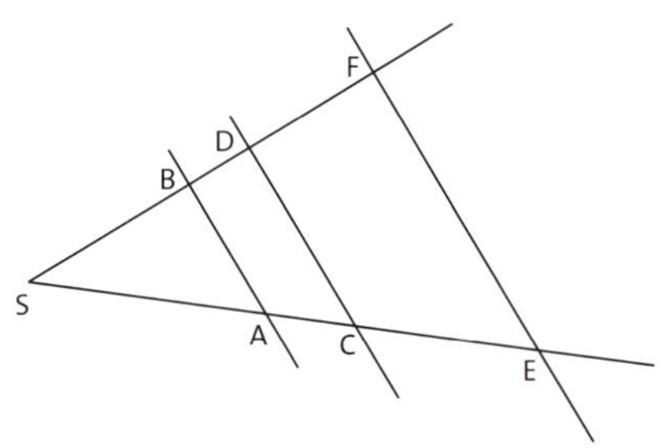

ÜBUNG 14 **Drei Bäume, die auf einem Gartengrundstück stehen, werfen Schatten von 3,8 m; 5,2 m und 8 m. Wie hoch sind diese Bäume, wenn der Schatten des 1,80 m großen Eigentümers zur gleichen Zeit etwa 1,5 m lang ist? Fertige eine Skizze an und berechne die Baumhöhen!**

WISSEN

Teilung einer Strecke AB im Verhältnis m : n

1. Trage vom Punkt A ausgehend auf einer beliebigen Halbgeraden m + n gleich lange Strecken ab. Du erhältst die Punkte C_1 bis C_{m+n}.
2. Verbinde den Punkt C_{m+n} mit B. Du erhältst die Strecke a_{m+n}.
3. Zeichne parallel dazu a_m durch C_m. a_m schneidet die Strecke AB im Punkt T_m. Dieser teilt die Strecke AB im Verhältnis m : n. Diese Teilung der Strecke lässt sich auf den 2. Strahlensatz zurückführen.

(*Kurz:* Die Längen der Parallelenabschnitte verhalten sich zueinander wie die Längen der dazugehörigen Geradenabschnitte.)

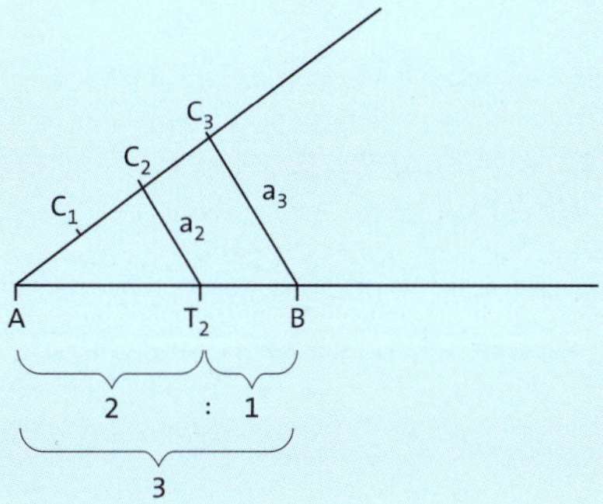

Verhältnis Bild
Die Strecke AB ist im Verhältnis 2 : 1 geteilt: $\overline{AT_2} : \overline{T_2B} = 2 : 1$

ÜBUNG 15 Zeichne eine Strecke beliebiger Länge in dein Heft (zeichne nicht zu klein und beginne etwa in die Mitte einer Heftseite, sodass du die Skizze noch konstruktiv erweitern kannst) und teile diese Strecke im Verhältnis 5 : 2, indem du nur Zirkel und Lineal verwendest.

WISSEN

Umkehrung des 1. Strahlensatzes
Werden zwei Geraden s_1 und s_2, die sich im Punkt S schneiden, von zwei Geraden g und h geschnitten, und verhalten sich die Längen der Abschnitte auf s_1 wie die Längen der entsprechenden Abschnitte auf s_2, so sind g und h parallel zueinander.

Beachte: Der 2. Strahlensatz ist nicht umkehrbar.

ÜBUNG 16 In der gegebenen Skizze ist nicht zu erkennen, ob die vermeintlichen Parallelen zueinander parallel sind. Überprüfe dies jeweils bei den einzelnen Teilaufgaben.

a) a = 2 cm; b = 4 cm;
c = 3 cm; d = 2,5 cm;
e = 5 cm; f = 3,75 cm

b) a = 0,4 dm; b = 9 cm;
c = 5 cm; d = 5 cm;
e = 11,25 cm; e + f = 1,8 dm

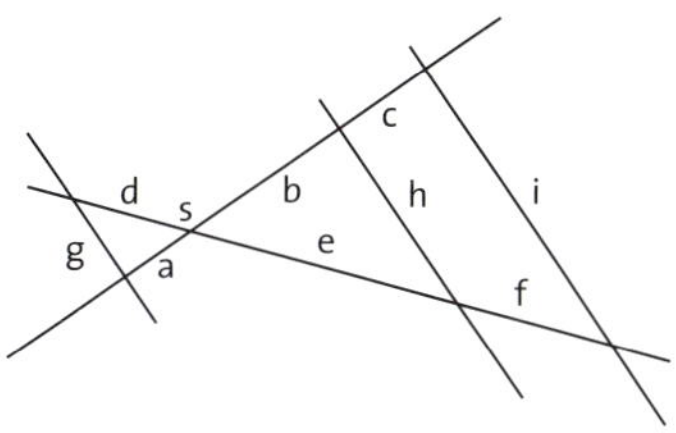

5.3 Zentrische Streckung

Eine **zentrische Streckung Z** mit dem Punkt S als Streckzentrum und dem Streckfaktor k ($k > 0$) ist eine Abbildung der Ebene auf sich selbst, bei der für das Bild P' des Punktes P ($P \neq S$) gilt:

- P' liegt auf dem Strahl SP.
$SP' = k \cdot SP$
- Der Bildpunkt von S ist S selbst ($S' = S$).

Merke: Der Streckfaktor k gibt das Verhältnis von Bildstrecke zu Originalstrecke an.

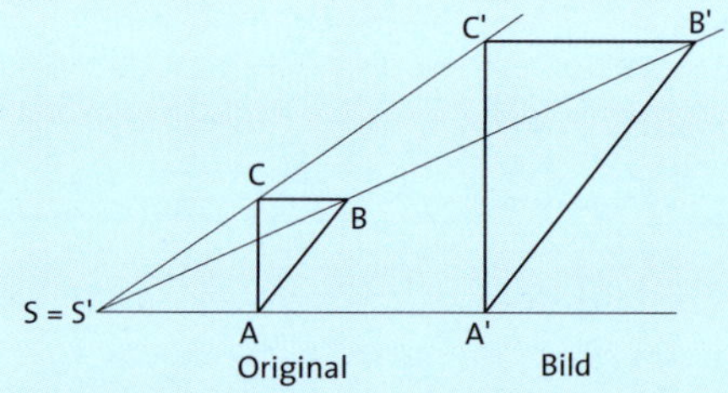

Gilt $k = 2{,}5$, so verhält sich die Bildstrecke zur Originalstrecke im Verhältnis 5 : 2

Konstruktion einer zentrischen Streckung
(Streckzentrum S)
1. Verlängere die Strecken SA, SB und SC;
2. zeichne einen von S ausgehenden Hilfsstrahl h mit entsprechenden Unterteilungen;
3. konstruiere SA', SB' und SC' mithilfe des Hilfsstrahls (↑ Kap. 5.2). Im Beispiel rechts siehst du die Konstruktion für SB' und SC'. SA' wurde der Übersichtlichkeit halber weggelassen.
4. Verbinde A', B' und C' zum Dreieck.

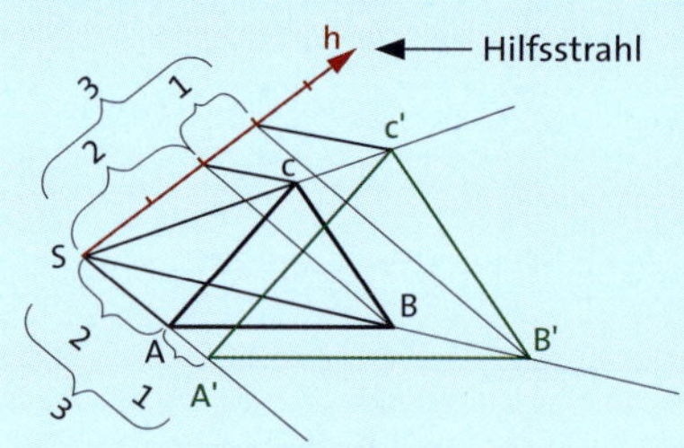

Streckfaktor $k = \frac{3}{2} = 1{,}5$

Bildstrecke : Originalstrecke = 3 : 2

Es handelt sich ...
für $0 < |k| < 1$ um eine **Verkleinerung;**
für $k = 1$ um die identische Abbildung;
für $|k| > 1$ um eine **Vergrößerung.**

Streckfaktor $k = 0{,}5$: Verkleinerung
Streckfaktor $k = 1$: Jeder Punkt der Figur wird auf sich selbst abgebildet.
Streckfaktor $k = 2$: Vergrößerung

Für zentrische Streckungen gilt:

- Winkel bleiben erhalten **(winkeltreu).**
- Längenverhältnisse der einzelnen Strecken zueinander bleiben gleich **(verhältnistreu).**
- Gerade und Bildgerade sind zueinander parallele Geraden **(parallelentreu; geradentreu).**
- Die Länge jeder Bildstrecke beträgt das $|k|$-Fache der Länge der Originalstrecke.
- Der Umfang der Bildfigur beträgt das $|k|$-Fache des Umfangs des Originals.

Der Flächeninhalt der Bildfigur ist das k^2-Fache des Flächeninhalts der Originalfigur $\mathbf{A' = k^2 \cdot A}$.

$A'B' \parallel AB$; $B'C' \parallel BC$; $C'A' \parallel CA$

$\overline{A'B'} = 2{,}5 \cdot \overline{AB}$
$\overline{B'C'} = 2{,}5 \cdot \overline{BC}$
$\overline{C'A'} = 2{,}5 \cdot \overline{CA}$

Flächeninhalt:
$A_{A'B'C'} = 6{,}25 \cdot A_{ABC}$

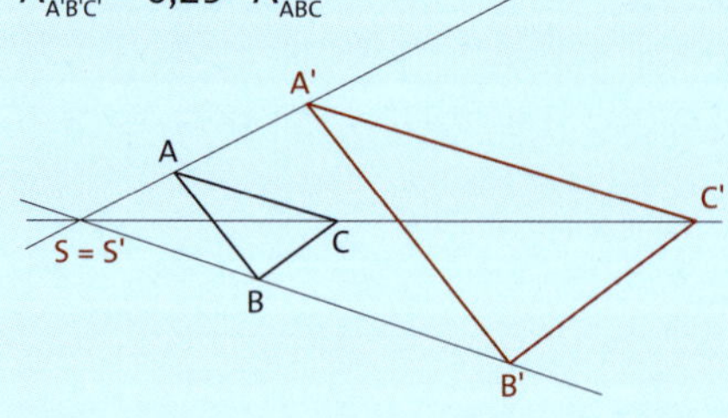

ÜBUNG 17 **Zeichne jeweils ein Koordinatensystem; Streckzentrum sei der Punkt Z (0 | 0). Ermittle das Bild der angegebenen Figur nach Ausführung einer zentrischen Streckung mit dem Streckfaktor k = 2. Gib die Koordinaten der Bildpunkte an.**

a) Dreieck ABC mit A (–2 | 0), B (2 | 0), C (0 | 3)
b) Rechteck ABCD mit A (–1 | –1,5), B (1 | –1,5), C (1 | 1,5), D (–1 | 1,5)
c) Fünfeck ABCDE mit A (–1 | 1), B (1,5 | 2), C (1,5 | 3), D (–1 | 4), E (–2 | 2,5)

ÜBUNG 18 **Zeichne das Dreieck ABC mit A (– 2 | 0), B (3 | 1) und C (– 1 | 5). Wähle Z (– 3 | 2) als Streckzentrum und konstruiere das Bild des Dreiecks mit k = 1,5. Gib die Koordinaten der Bildpunkte an.**

ÜBUNG 19 **Übertrage die Zeichnung in dein Übungsheft. B' ist das Bild von B bei einer zentrischen Streckung mit Streckzentrum A.**

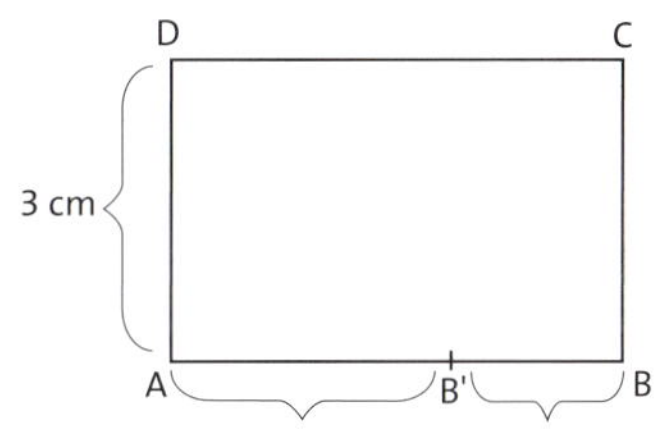

a) Bestimme den Streckfaktor k.
b) Ermittle die Bildpunkte A', C' und D' und zeichne das Bildviereck.

ÜBUNG 20 **Zeichne einen Kreis: Radius r = 2 cm, Mittelpunkt M. Bilde den Kreis durch eine zentrische Streckung mit dem Streckzentrum M und dem Streckfaktor k = 2,5 ab.**

ÜBUNG 21 **Um welchen Faktor ist der Flächeninhalt einer Figur größer oder kleiner, wenn sie mit den folgenden Maßstäben verändert wird?**

a) k = 3	b) k = 2,5	c) k = 1,8	d) k = 1
e) $k = \frac{2}{3}$	f) k = 0,25	g) 4 : 1	h) 1 : 3

ÜBUNG 22 **Zeichne das Rechteck ABCD mit A (– 2 | – 2), B (2 | –2), C (2 | 1) und D (–2 | 1). Das Streckzentrum ist Z (–6 | – 2). Das Bild von A ist A' (– 5| – 2).**

a) Bestimme den Streckfaktor k.
b) Ermittle die anderen Bildpunkte.
c) Vergleiche die Flächeninhalte von Original und Bildfigur.

ÜBUNG 23 **Welche zentrische Streckung bildet die Gerade f auf sich selbst ab und überführt den Punkt P in P'? Gib das Streckzentrum und den Streckfaktor an.**

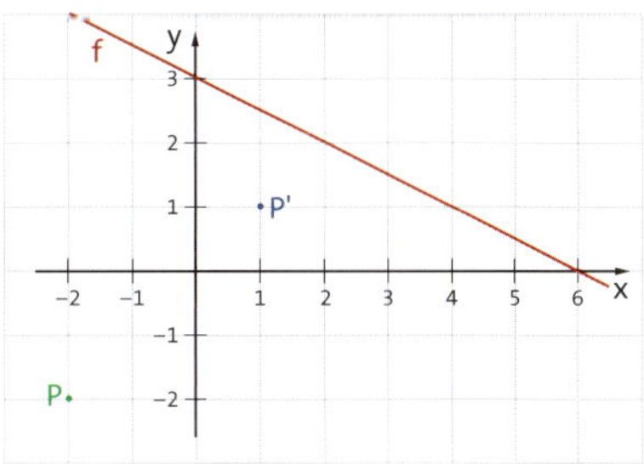

ÜBEN

ÜBUNG 24 Zeichne in ein Koordinatensystem ein Dreieck mit A (–2 | 3), B (1 | 1), C (2 | 4). Das Streckzentrum ist Z (0 | 0). Konstruiere das Bild A'B'C' des Dreiecks ABC bei einer zentrischen Streckung mit $k_1 = 2{,}5$ bzw. A''B''C'' mit $k_2 = -1{,}5$.

ÜBUNG 25 Fülle die Tabellen gemäß den Eigenschaften der zentrischen Streckung aus.

a) Zentrum N; k = 2

Original	O	S	I	M		
Bild	P			L	A	N

b) Zentrum V; k =

Original	F	I	Y	V		
Bild	Q			V	W	R

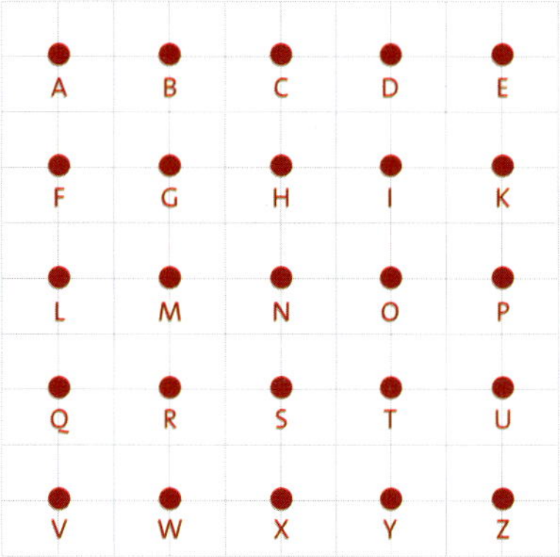

c)

Original	M	N	I	Z	T	G
Bild	S	X	Y	N	A	T
Zentrum	F			A	N	Z
Faktor k		2	4			

WISSEN

Verkettung zentrischer Streckungen
Werden zwei oder mehrere (n) zentrische Streckungen nacheinander ausgeführt, so ist der Gesamtstreckfaktor das Produkt der einzelnen Streckfaktoren:

$k = k_1 \cdot k_2 \cdot \ldots \cdot k_n$

Das Streckzentrum S_{ges} der gesamten Streckung erhältst du, indem du die zusammengehörigen Punkte von Original und n-tem Bild miteinander verbindest. Der Schnittpunkt der Verbindungsgeraden ist das Streckzentrum.

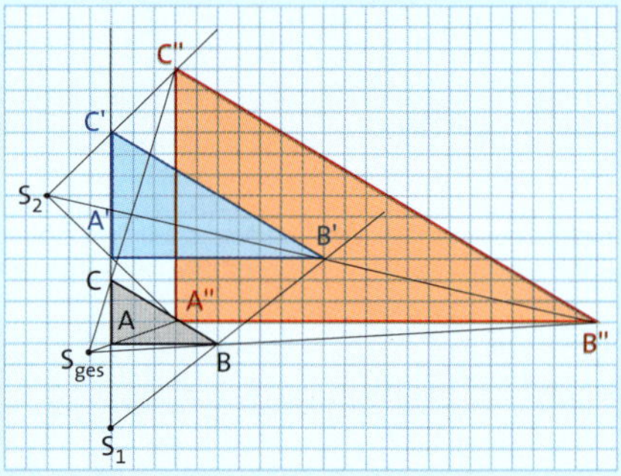

Zwei Streckungen nacheinander: $k_1 = k_2 = 2$ und $k = 4$.

ÜBEN

5.4 Ähnlichkeit

Ähnlichkeitsabbildung

Zwei ebene Figuren sind **ähnlich,** wenn sie in der Form übereinstimmen.

Figuren sind insbesondere dann ähnlich, wenn sie **kongruent** (deckungsgleich) sind. Aber auch unterschiedlich große, **formgleiche** Figuren sind ähnlich.

Für zwei ähnliche Figuren A und B schreibt man: **B ~ A.**
Man nennt den Streckfaktor auch **Ähnlichkeitsfaktor.**

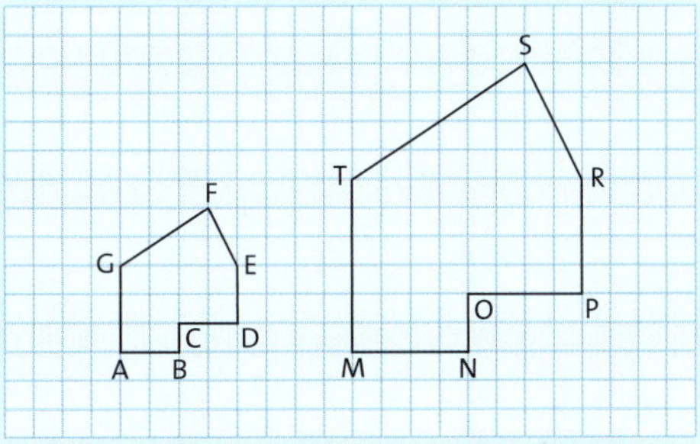

Ähnliche Flächen: ABCDEFG ~ MNOPRST
Die rechte Figur geht durch Streckung mit dem *Streckfaktor k = 2* aus der linken hervor.

Eine **Ähnlichkeitsabbildung** bildet eine Figur der Ebene auf eine ähnliche Figur ab.

Ähnlichkeitsabbildungen sind:
- **winkeltreu** (Winkel werden auf gleich große Winkel abgebildet);
- **parallelentreu** (zueinander parallele Geraden werden auf zueinander parallele Geraden abgebildet);
- **verhältnistreu** (Längenverhältnisse der einzelnen Strecken zueinander bleiben gleich).

Merke: Eine zentrische Streckung ist eine Ähnlichkeitsabbildung (↑ Kap. 5.3).

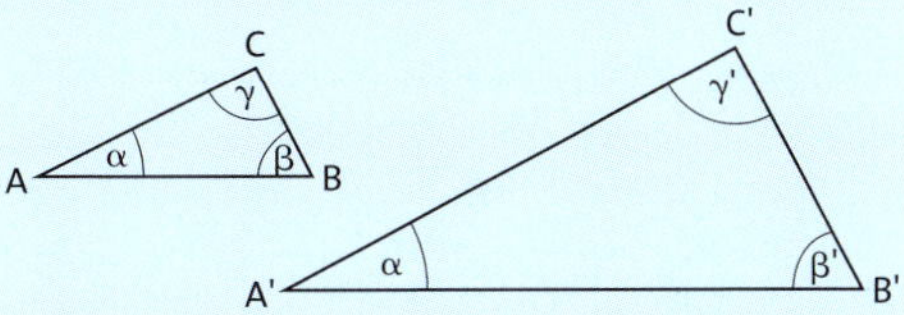

winkeltreu: $\alpha = \alpha'$; $\beta = \beta'$; $\gamma = \gamma'$

parallelentreu: AB ∥ A'B'; BC ∥ B'C'; CA ∥ C'A'

verhältnistreu: $\frac{\overline{AB}}{\overline{BC}} = \frac{\overline{A'B'}}{\overline{B'C'}}$; $\frac{\overline{AB}}{\overline{CA}} = \frac{\overline{A'B'}}{\overline{C'A'}}$; $\frac{\overline{BC}}{\overline{CA}} = \frac{\overline{B'C'}}{\overline{C'A'}}$

Für Umfang und Flächeninhalt einer Figur, die durch zentrische Streckung auf eine andere abgebildet werden kann, gilt:
- Der **Umfang U'** der Bildfigur ist das k-Fache des Umfangs der Originalfigur: **U' = k · U.**
- Der **Flächeninhalt A'** der Bildfigur ist das k^2-Fache des Flächeninhalts der Originalfigur: $A' = k^2 \cdot A$.

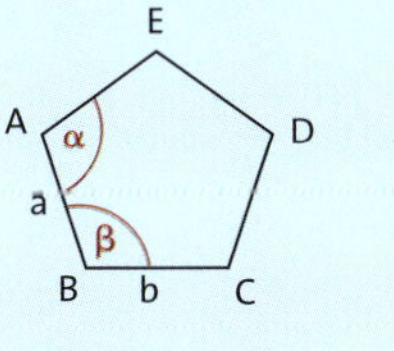

$\alpha = \alpha'$, $\beta = \beta'$ usw.

$\frac{a}{b} = \frac{a'}{b'}$ usw.

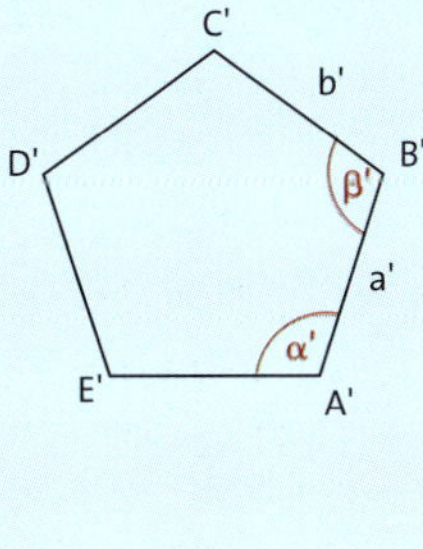

ÜBUNG 26 **Sind Außenfigur und Innenfigur zueinander ähnlich? Entscheide und begründe.**

a) b) c) d)

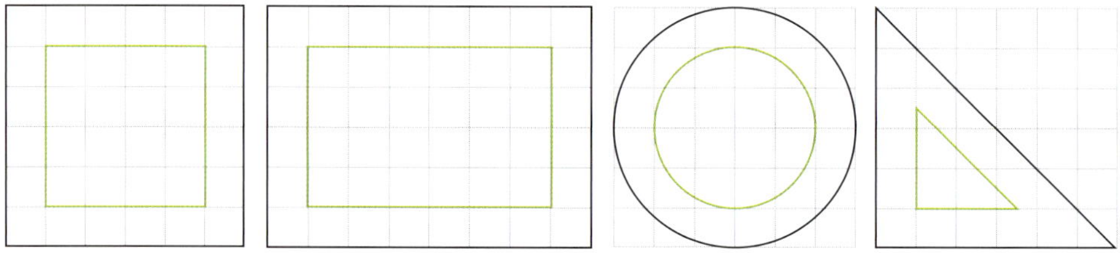

ÜBUNG 27 **Die angegebenen Figuren werden im Maßstab 3,5 : 1 vergrößert bzw. im Maßstab 1 : 2 verkleinert. Ermittle jeweils Umfang und Flächeninhalt der Original- und der Bildfigur.**

a) Rechtwinkliges Dreieck mit a = 1,5 m; b = 3,6 m; c = 3,9 m
b) Parallelogramm mit a = 6,4 cm; b = 4,8 cm; h_a = 3,6 cm

WISSEN

Ähnlichkeit von Dreiecken
Entsprechend der Kongruenzsätze für Dreiecke bildet man Ähnlichkeitssätze für Dreiecke, die im **Hauptähnlichkeitssatz** zusammengefasst werden können: **Dreiecke sind immer dann ähnlich, wenn sie in zwei Winkeln übereinstimmen.**

Da die Winkelsumme im Dreieck 180° beträgt, stimmen sie auch im dritten Winkel überein.

Beachte: Dann gilt *auch*, dass einander entsprechende Seiten gleiche Streckenverhältnisse bilden:

$k = \frac{a'}{a} = \frac{b'}{b} = \frac{c'}{c}$.

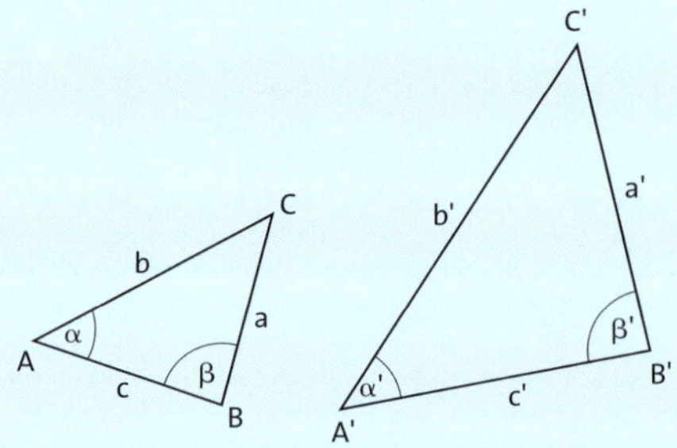

$\alpha = \alpha'$ und $\beta = \beta'$, daraus folgt ABC ~ A'B'C', aber auch $\gamma = \gamma'$

ÜBUNG 28 **Konstruiere zu dem Dreieck ABC mit a = 4 cm, b = 5 cm und c = 6 cm ein ähnliches Dreieck A'B'C' mit c' = 5 cm.**

ÜBUNG 29 **Welches der Dreiecke ist zu einem Dreieck mit a = 4 cm, b = 6,5 cm und c = 8 cm ähnlich?**

a) a' = 6,4 dm; b' = 10,4 dm; c' = 12,8 dm
b) a' = 10 cm; b' = 16 cm; c' = 20 cm

ÜBUNG 30 **Eine Drahtseilbahn an einem 1532 m hohen Berg überwindet bei einer Streckenlänge von 1560 m einen Höhenunterschied von 456 m.**

a) Ermittle die durchschnittliche Streckenlänge, bei der die Gondel um 10 m steigt.
b) Wie groß ist der Höhenunterschied, der durchschnittlich auf 100 m Streckenlänge überwunden wird?

ÜBUNG 31 **Zu folgenden Figuren werden Bilder mit dem Ähnlichkeitsfaktor k = 1,8 gezeichnet. Wie groß sind danach jeweils der Umfang und der Flächeninhalt der Bildfiguren?**

a) Dreieck: a = 3 cm; b = 4,2 cm; c = 4 cm; h_c = 2,8 cm
b) Kreis r = 3,9 cm
c) Quadrat: a = 0,45 dm

ÜBUNG 32 **Ein Rechteck ABCD hat die Seitenlängen a = 4,2 cm und b = 2,5 cm. Bei einem zweiten Rechteck RSTU beträgt der Flächeninhalt 94,5 cm², eine Seite ist 7,5 cm lang. Sind die beiden Rechtecke ähnlich? Begründe deine Antwort.**

ÜBUNG 33 **Die Kantenlängen einer Streichholzschachtel betragen 5,3 cm, 3,6 cm und 1,5 cm. (Hinweis: Man kann das Prinzip der zentrischen Streckung auch auf Körper anwenden; für das Volumen gilt dann: $V' = k^3 \cdot V$.)**

a) Wie lang sind die Kanten einer Schachtel, die das 27-fache Fassungsvermögen ($k^3 = 27$) besitzt?
b) Das Wievielfache an Kartonfläche benötigt man zur Herstellung der größeren Schachtel im Vergleich zur kleineren Schachtel?

Klassenarbeit 1

45 Minuten

AUFGABE 1 **Mit welchem Maßstab wurde die Strecke m jeweils verkleinert bzw. vergrößert, um die Strecke m' zu erhalten?**

m	4,2 mm	1,26 km	13,8 m	5 km	0,5 mm	13 dm
m'	4,2 m	12,6 cm	6,9 cm	4 cm	20 cm	143 dm
k						

AUFGABE 2 **Auf einer Karte ist ein Maßstab von 1: 50 000 angegeben.**

a) Wie lang ist eine auf der Karte 2,9 cm lange Strecke in Wirklichkeit?
b) Wie lang ist eine in Wirklichkeit 5,7 km lange Strecke auf der Karte?

AUFGABE 3 **Berechne a und b. Prüfe deine Berechnungen mithilfe einer Zeichnung.**

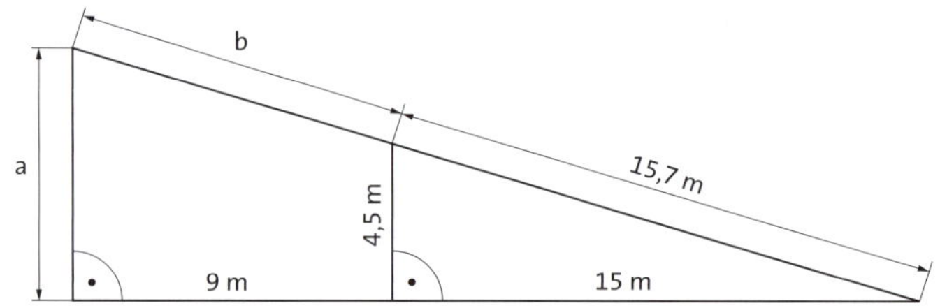

AUFGABE 4 **Löse die Aufgabe grundsätzlich mit Lineal und Zirkel.**

a) Teile die Strecke AB = 6,7 cm in fünf gleich große Teile.
b) Teile die Strecke AB = 5,3 cm im Verhältnis 2 : 5.
c) Teile die Strecke AB = 4,9 cm im Verhältnis 1 : 3.

AUFGABE 5 **Das Format eines Filmnegativs beträgt 24 mm × 36 mm. Von dem Film werden Abzüge auf Papier mit folgenden Formaten hergestellt. Bestimme jeweils den Vergrößerungsfaktor k.**

a) 18 cm × 27 cm b) 20 cm × 30 cm c) 30 cm × 45 cm

AUFGABE 6 **Welche der folgenden Aussagen sind wahr? Begründe deine Entscheidung. Bei einer zentrischen Streckung hat …**

a) jedes Rechteck als Bild ein Rechteck.
b) jedes Rechteck als Bild ein Quadrat.
c) jedes Rechteck als Bild ein Parallelogramm.

AUFGABE 7 **Zeichne zum Dreieck ABC mit a = 2,1 cm, $\alpha = 65°$, $\beta = 56°$ ein ähnliches Dreieck A'B'C' mit k = 3. Bestimme die Seitenlängen des Dreiecks A'B'C'.**

TESTEN

Klassenarbeit 2

45 Minuten

AUFGABE 8 Hannes ist mit dem Fahrrad ins Nachbardorf gefahren. Sein Kilometerzähler zeigt 5 km an. Er stellt fest, dass diese Strecke auf seiner Karte 2,5 cm entspricht. Leider ist der Maßstab der Karte nach einem Regen nicht mehr lesbar. Was für einen Maßstab hat die Karte?

AUFGABE 9 Die Fichte im Garten von Louis' Großmutter ist ungefähr so hoch wie ihr Haus, das bis zum First 9,4 m hoch ist. Louis hat nun mit seinem Bruder gewettet, dass der Baum höher ist als das Haus. Dazu misst er den Schatten des Baumes und seinen eigenen Schatten; der des Baumes beträgt 10,9 m, Louis' Schatten misst 1,6 m. Er selbst ist 1 m 40 cm groß. Ergänze die angegebenen Längen in der Skizze, bestimme die Höhe des Baumes und entscheide, ob Louis die Wette gewinnt.

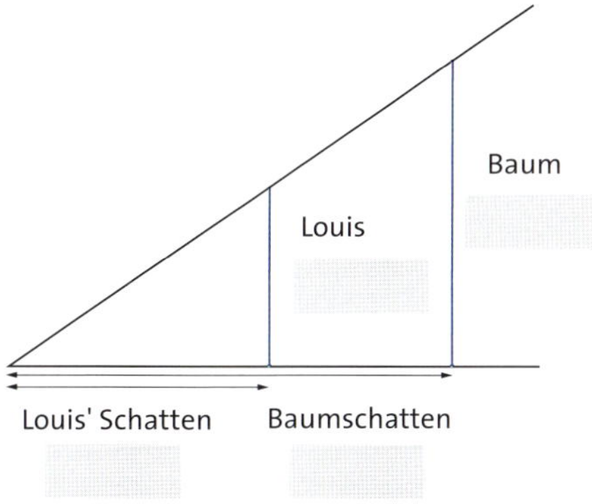

AUFGABE 10 Ein Rechteck mit a = 2,5 cm und b = 4 cm wird mit dem Streckfaktor k = 3 vergrößert. Wie groß ist der Flächeninhalt des Originals und wie groß der des Bildes? Löse die Aufgabe auf zwei verschiedene Arten.

AUFGABE 11 In einem Rechteck ist die kürzere Seite 3,2 cm lang. Der Flächeninhalt beträgt 19,2 cm². In der Bildfigur ist die kürzere Seite 16 cm lang. Wie lang ist die andere Seite in der Bildfigur?

AUFGABE 12 Untersuche die Dreiecke auf Ähnlichkeit. Begründe deine Entscheidungen.

a)

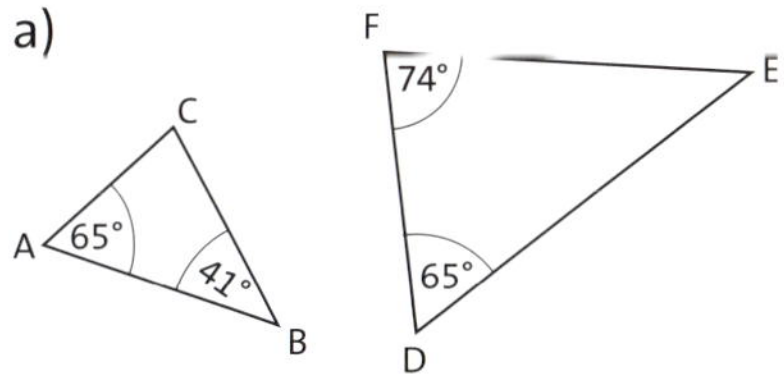

b)

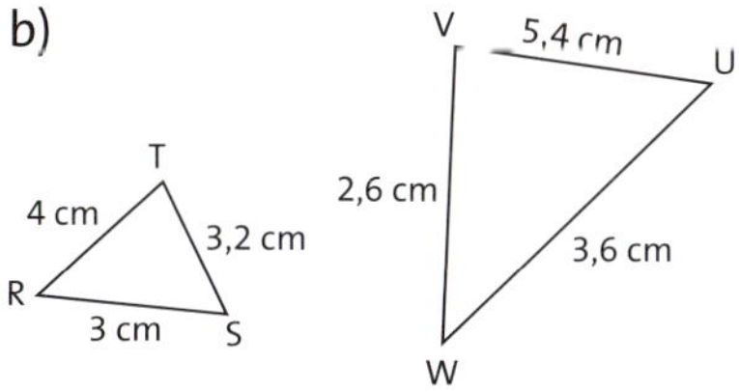

AUFGABE 13 Ein Rechteck ABCD werde durch die Mittellinie EF halbiert. Unter welchen Bedingungen gilt: Viereck ABCD ~ Viereck AEFD?

TESTEN

Klassenarbeit 3

40 Minuten

AUFGABE 14 **Ergänze mithilfe der Strahlensätze und anhand der Abbildung.**

a) $\frac{d}{\square} = \frac{h}{f+h}$

b) $\frac{g}{\square} = \frac{\square}{f+h}$

c) $\frac{c}{\square} = \frac{c+d}{\square}$

d) $\frac{a+b}{\square} = \frac{\square}{c}$

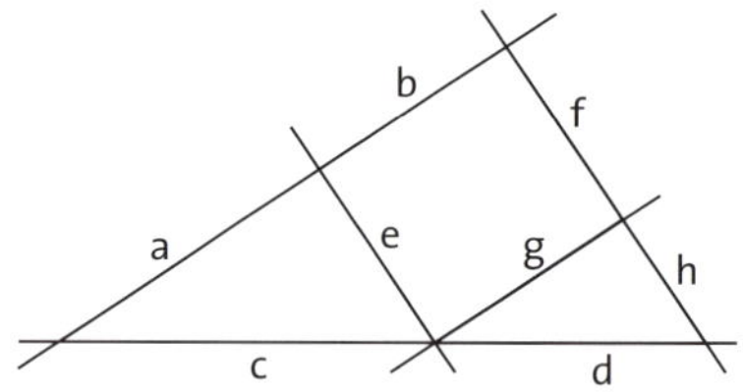

AUFGABE 15 **Klaus ist im Alpenurlaub. Er weiß, dass die beiden Almen auf der gegenüberliegenden Bergkette nur 125 m voneinander entfernt sind. Die Brüder, die sie bewirtschaften, haben genau auf halbem Weg zwischen beiden Hütten eine Tränke gebaut. Wenn Klaus seine Finger 2 cm auseinander hält und die Finger 30 cm vom Auge entfernt sind, kann er beide Berghütten gerade an den Rändern erkennen.**

a) Trage die gegebenen Entfernungen in die Abbildung ein.

b) Wie weit ist Klaus von der Tränke entfernt? Trage auch die gesuchte Länge x ein und bestimme die Streckenlänge anschließend in deinem Übungsheft.

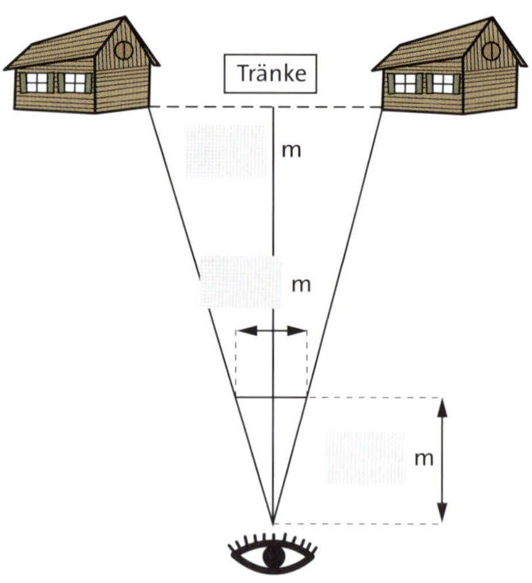

AUFGABE 16 **Das Dreieck mit den Eckpunkten A (2 | 1), B (5 | 1) und C (4 | 3) wird vom Streckzentrum S (−1 | 0) aus gestreckt. Der Punkt A wird hierbei auf den Bildpunkt A' (3,5 | 1,5) abgebildet. Arbeite im Übungsheft.**

TESTEN

AUFGABE 17 **Ein Dia mit dem Format 24 mm × 36 mm soll so auf eine quadratische Leinwand mit der Kantenlänge 2,5 m projiziert werden, dass die Leinwandfläche weitgehend ausgenutzt wird. Der Abstand zwischen Dia und Linse beträgt 8 cm.**

a) Wie viel Meter müssen Leinwand und Projektor auseinander stehen?
b) Um welchen Faktor wurde die Diafläche vergrößert?
c) Wie groß ist die tatsächliche Projektionsfläche auf der Leinwand?
d) In welchem Verhältnis steht die Diafläche zur Leinwandfläche?

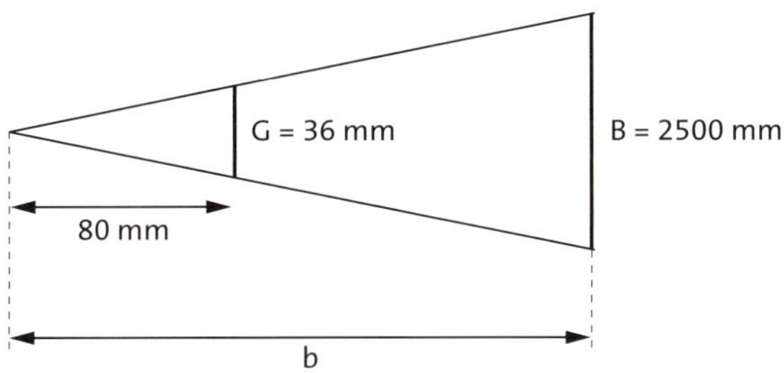

AUFGABE 18 **Wie verhalten sich die Flächengrößen ähnlicher Vielecke?**

a) Bestimme in der Grafik die fehlenden Seitenlängen.
b) Untersuche die Flächenverhältnisse von F und F'.
c) Wie bestimmt der Streckfaktor k das Größenverhältnis der Flächen?

Vieleck	**k**	**F**	**F'**
Quadrat	k = 1,5		
Rechteck	k = 3	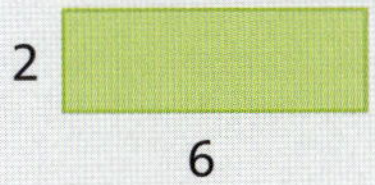	

6 Satzgruppe des Pythagoras

6.1 Satz des Pythagoras

Im rechtwinkligen Dreieck heißen die Seiten, die den rechten Winkel einschließen, **Katheten.** Die Seite, die dem rechten Winkel gegenüberliegt, heißt **Hypotenuse.** Durch die Höhe wird die Hypotenuse in zwei **Hypotenusenabschnitte** p und q zerlegt.

Merke: Die Hypotenuse ist immer die längste Seite.

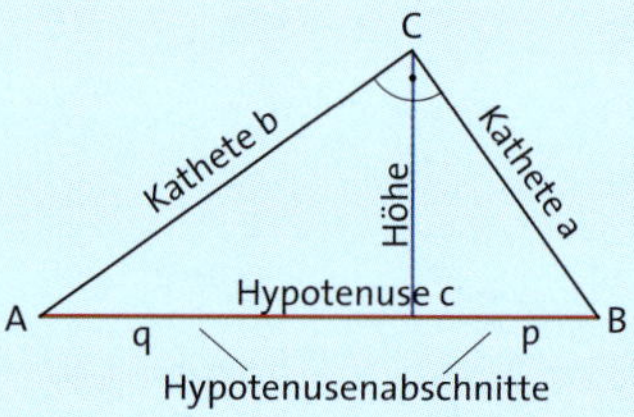

Der Hypotenusenabschnitt p gehört zu a, q gehört zu b.

Satz des Pythagoras: Im rechtwinkligen Dreieck ABC ist der Flächeninhalt des Quadrats über der Hypotenuse gleich der Summe der Flächeninhalte der Quadrate über den Katheten:
$c^2 = a^2 + b^2$

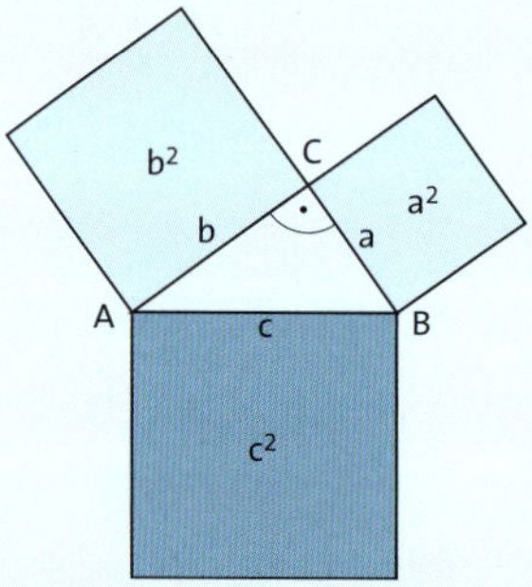

Die Katheten a und b eines rechtwinkligen Dreiecks sind 7,8 cm und 12,1 cm lang.

Wie lang ist die Hypotenuse c?

Lösung:
$c^2 = a^2 + b^2$
$c^2 = (7{,}8\,\text{cm})^2 + (12{,}1\,\text{cm})^2$
$c^2 = 60{,}84\,\text{cm}^2 + 146{,}41\,\text{cm}^2 = 207{,}25\,\text{cm}^2$
$c \approx 14{,}4\,\text{cm}$

Die Hypotenuse ist ungefähr 14,4 cm lang.

Rechtwinklige Dreiecke mit $a^2 + b^2 = c^2$ mit $a, b, c \in \mathbb{N}$ nennt man **pythagoreische Dreiecke.**

Zur Vermessung eines rechten Winkels kann man z. B. ein pythagoreisches Dreieck mit den Seitenlängen 3, 4 und 5 (jeweils gleiche Einheiten) verwenden.

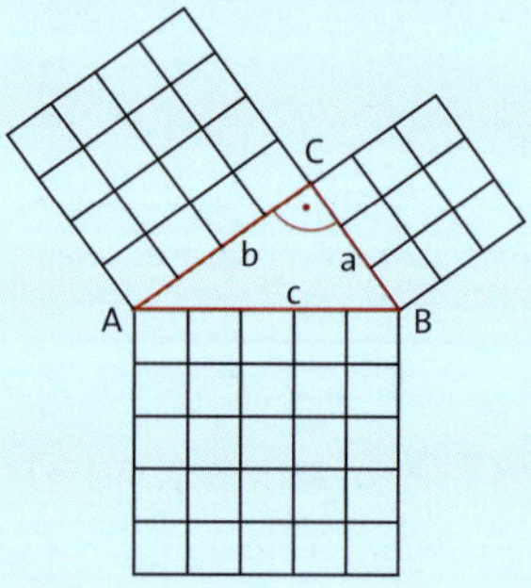

Beispiele: Dreiecke mit den Seitenlängen 5, 12 und 13 oder 7, 24 und 25; usw.

ÜBUNG 1 **Im rechtwinkligen Dreieck ABC sind die Hypotenuse c = AB und die Kathete a = BC bekannt. Berechne b = AC.**

a) $\overline{AB}$ = 10,9 cm; $\overline{BC}$ = 9,1 cm
b) $\overline{AB}$ = 0,85 m; $\overline{BC}$ = 5,9 dm
c) $\overline{AB}$ = 0,45 km; $\overline{BC}$ = 190 m
d) $\overline{AB}$ = 3,85 m; $\overline{BC}$ = 2900 mm

ÜBUNG 2 **Berechne die fehlenden Größen unter der Voraussetzung, dass im Dreieck RST der Winkel RTS 90° beträgt. Fertige vorher eine Skizze an. Notiere deine Ergebnisse in der Tabelle.**

	a)	b)	c)	d)	e)	f)
$\overline{TR}$	3,6 cm		2,3 dm	332 mm		23,6 m
$\overline{ST}$	7,7 cm	8,2 cm	16 cm		3,9 km	
$\overline{RS}$		12,9 cm		6,49 dm	4200 m	33,4 m

ÜBUNG 3 **Berechne jeweils den Abstand der Punkte im Koordinatensystem. Überprüfe deine Ergebnisse eventuell in einer Zeichnung.**

a) A(0|0); B(3|5)
b) C(−4|−4); D(3|8)
c) E(2|3); F(9|−5)
d) G(0|−1); H(−3,5|−7,5)

ÜBUNG 4 **Wie lang ist die Flächendiagonale, wie lang die Raumdiagonale?**

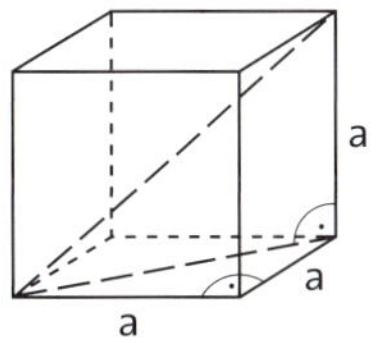

a) a = 5 cm
b) a = 225 mm

ÜBUNG 5 **Eine 4,20 m lange Leiter wird an eine Hauswand gelehnt. Die Leiter steht am Boden 1,40 m von der Wand entfernt. In welcher Höhe berührt die Leiter die Wand?**

ÜBUNG 6 **Aus einem kreisförmigen Baumstamm soll ein Balken mit quadratischem Querschnitt so herausgeschnitten werden, dass eine möglichst große Querschnittsfläche entsteht. Bestimme die Größe der Quadratfläche. Der Baum misst 1,73 m im Umfang.**

ÜBUNG 7 **Für die folgenden Aufgaben brauchst du den Satz des Pythagoras.**

a) Die Diagonale eines Quadrats ist 17,68 cm lang. Berechne Umfang U und Flächeninhalt A dieses Quadrats.
b) Bei einem Rechteck mit einem Umfang von 32 cm ist die eine Seite 3 cm länger als die andere. Gib den Flächeninhalt A und die Länge der Diagonalen d dieses Rechtecks an.

ÜBEN

ÜBUNG 8 **Reiseflugzeuge fliegen durchschnittlich 10 km hoch. Wie weit kann man, vorausgesetzt es herrscht klare Sicht, aus dieser Höhe bis zum Horizont sehen? (Hinweis: Durchdenke das Problem gründlich, fertige eine Skizze an. Der Erdradius beträgt etwa 6370 km.)**

ÜBUNG 9 **Ein regelmäßiges Oktaeder, einer der fünf platonischen Körper, wird von acht kongruenten gleichseitigen Dreiecken begrenzt.**

a) Berechne die Länge der drei im Bild eingezeichneten Körperachsen. Die Körperkanten sind 12 cm lang.
b) Berechne den Oberflächeninhalt des Oktaeders.

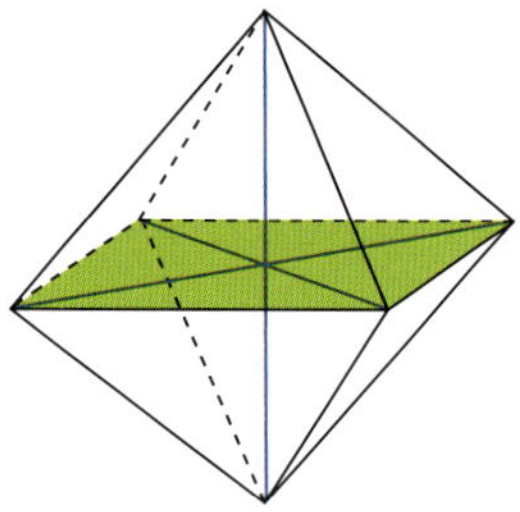

WISSEN

Beweis für den Satz des Pythagoras
Es soll weit mehr als 100 Beweise für den Satz des Pythagoras geben, der folgende ist einer der bekanntesten:

Das Quadrat mit Seitenlänge c wird gemäß der Figur zerlegt.
Es setzt sich also aus vier kongruenten Dreiecken und dem Quadrat mit Seitenlänge a – b zusammen. Dann gilt:

$c^2 = 4 \cdot 0{,}5ab + (a - b)^2$, daher
$c^2 = 2ab + a^2 - 2ab + b^2$
Also gilt in der Tat: $c^2 = a^2 + b^2$

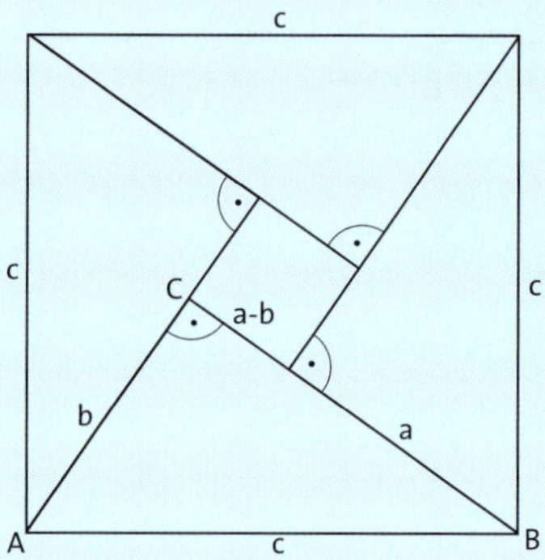

ÜBUNG 10 **Nutze die Zeichnung, um einen weiteren Beweis für den Satz des Pythagoras durchzuführen. (Hinweis: Die Seite des kleineren Quadrats sei c (Hypotenuse der Dreiecke). Die Seite des größeren Quadrats ist a + b.)**

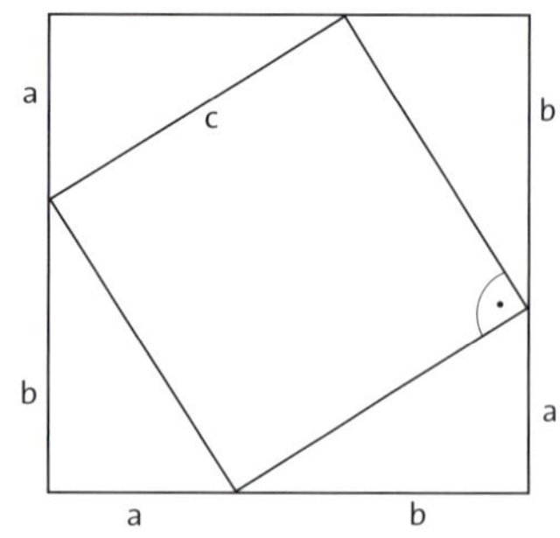

ÜBEN

6.2 Kathetensatz und Höhensatz

Kathetensatz:
In jedem rechtwinkligen Dreieck hat das Quadrat über einer Kathete den gleichen Flächeninhalt wie das Rechteck aus der Hypotenuse und dem zur Kathete gehörenden Hypotenusenabschnitt:
$\mathbf{a^2 = p \cdot c}$ **und** $\mathbf{b^2 = q \cdot c}$

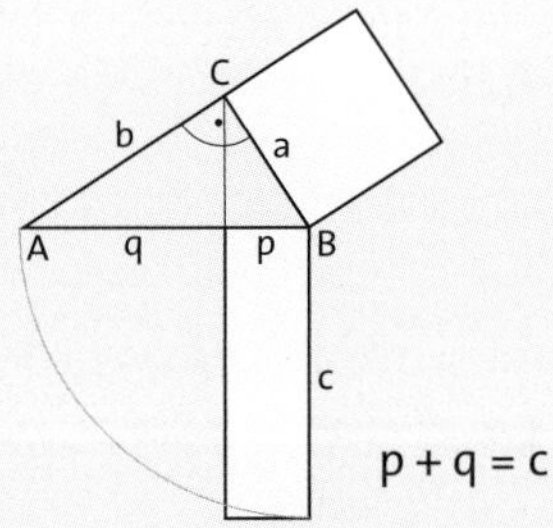

Konstruktion eines Quadrats mit gleichem Flächeninhalt zum gegebenen Rechteck ABCD:
1. Konstruiere den Mittelpunkt der längeren Strecke und zeichne einen Halbkreis mit dem Radius MD (Thaleskreis).
2. Trage die kürzere Strecke (AD) auf der längeren Strecke (DC) ab, du erhältst den Punkt E. Die Senkrechte in E schneidet den Halbkreis im Punkt F.
3. DCF ergibt ein rechtwinkliges Dreieck.
4. Das Quadrat DFGH über DF ist das gesuchte Quadrat: Es hat denselben Flächeninhalt wie das Rechteck ABCD.

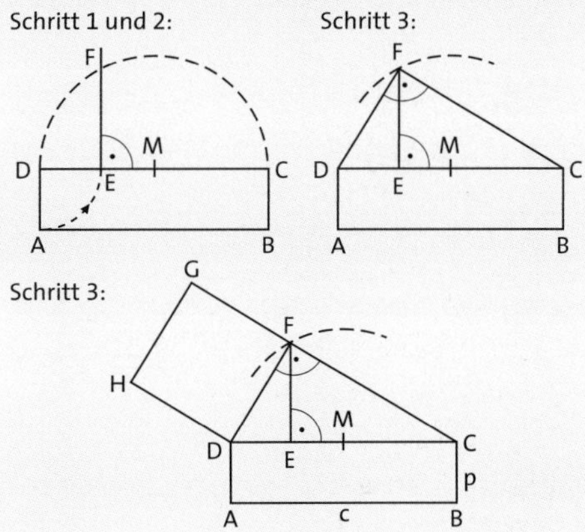

Höhensatz:
Im rechtwinkligen Dreieck ist der Flächeninhalt des Quadrats über der Höhe auf der Hypotenuse gleich dem Flächeninhalt des Rechtecks aus den Hypotenusenabschnitten: $\mathbf{h_c^2 = p \cdot q}$

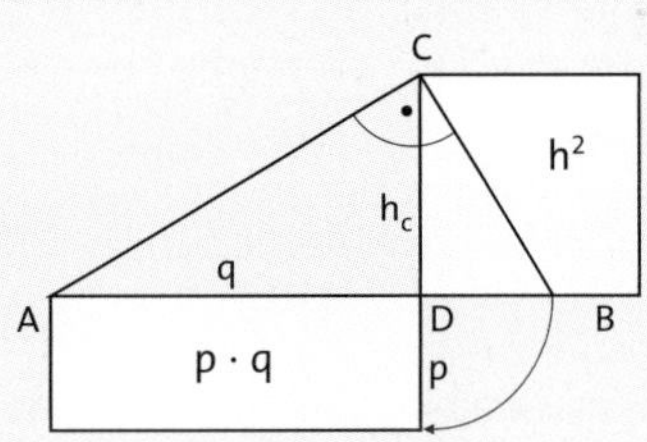

Ein **rechtwinkliges Dreieck** ist durch zwei Stücke eindeutig beschrieben:
- die Höhe h_c und einen Hypotenusenabschnitt (Höhensatz);
- die beiden Hypotenusenabschnitte (Höhensatz);
- eine Seite und den dazugehörige Hypotenusenabschnitt (Kathetensatz);
- zwei Seiten (Satz des Pythagoras).

Mithilfe der Sätze kannst du nacheinander die fehlenden Seiten berechnen.

Vom Dreieck ABC ($\gamma = 90°$) ist $q = \overline{AD} = 6{,}3\,\text{cm}$ und $h_c = \overline{CD} = 3{,}8\,\text{cm}$ bekannt. Berechne AB, DB, AC und BC.

$p = \frac{h_c^2}{q}$	$p = \frac{(3{,}8\,\text{cm})^2}{6{,}3\,\text{cm}} \approx 2{,}3\,\text{cm}$
$c = p + q$	$c \approx 8{,}6\,\text{cm}$
$a = \sqrt{c \cdot p}$	$a = \sqrt{8{,}6\,\text{cm} \cdot 2{,}3\,\text{cm}}$ $a \approx 4{,}4\,\text{cm}$
$b = \sqrt{c^2 - a^2}$	$b = \sqrt{(8{,}6\,\text{cm})^2 - (4{,}4\,\text{cm})^2}$ $b \approx 7{,}4\,\text{cm}$

ÜBUNG 11 **Berechne die fehlenden Seitenlängen und die Höhe h_c des Dreiecks ABC ($\gamma = 90°$).**

a) $a = 5{,}2\,cm$; $p = 3{,}9\,cm$ b) $c = 2{,}3\,cm$; $q = 9\,mm$ c) $p = 4\,cm$; $q = 6{,}7\,cm$

ÜBUNG 12 **In einem rechtwinkligen Dreieck ($\gamma = 90°$) sind jeweils zwei der sechs Stücke a, b, c, p, q und h_c bekannt. Berechne die übrigen vier Stücke.**

a) $p = 6{,}2\,cm$; $q = 4{,}3\,cm$ b) $b = 3{,}9\,cm$; $c = 112\,mm$
c) $p = 56\,mm$; $c = 1{,}45\,dm$ d) $h_c = 4{,}5\,cm$; $p = 20\,mm$

ÜBUNG 13 **Welche der genannten Gleichungen gelten für das Dreieck XYZ?**

a) $y^2 = x^2 + z^2$
b) $w^2 = x^2 - v^2$
c) $w^2 = u \cdot v$
d) $z^2 - u^2 = w^2$
e) $x^2 = y \cdot v$
f) $-u^2 - w^2 = -z^2$

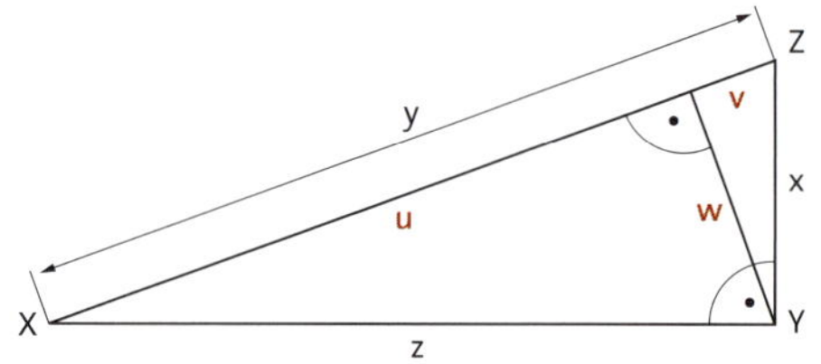

ÜBUNG 14 **Das Rechteck mit den Seitenlängen a = 6,3 cm und b = 3,6 cm soll in ein flächengleiches Quadrat umgewandelt werden. (Hinweis: Die Konstruktion ist eine Anwendung des Höhensatzes.)**

ÜBUNG 15 **Berechne für das abgebildete rechtwinklige Dreieck a, x und y. Gegeben sind $h_c = 6{,}3\,cm$ und $b = 7{,}2\,cm$.**

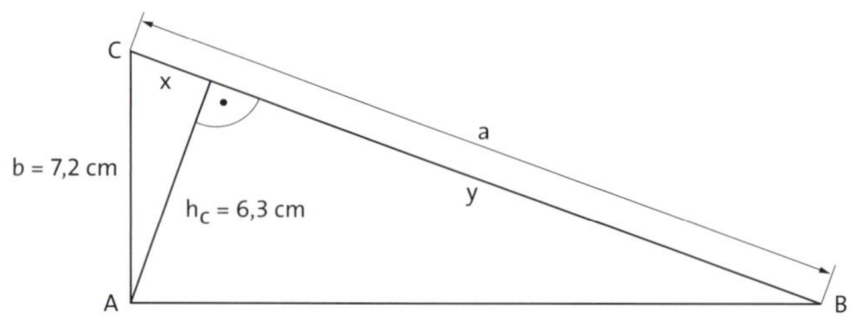

ÜBUNG 16 **Zwei Pfähle haben einen Abstand von 4,10 m. Zwischen den Pfählen wird eine Wäscheleine straff gespannt. Die Leine senkt sich, wenn in der Mitte ein nasses Wäschestück mit einem Bügel aufgehängt wird.**

a) Um wie viele Zentimeter dehnt sich die Leine aus, wenn das Wäschestück sich um 18 cm senkt?
b) Die Wäscheleine ist um 9,5 % dehnbar. Wie weit kann sie sich in der Mitte senken, ohne zu reißen?

ÜBEN

WISSEN

Umkehrungen

- **Umkehrung des Satzes von Pythagoras:** Wenn für die Seiten a, b und c eines Dreiecks $c^2 = a^2 + b^2$ gilt, so ist das Dreieck rechtwinklig und c ist die Hypotenuse.
- **Umkehrung des Kathetensatzes:** Wenn für die Seiten a, b und $c = p + q$ eines Dreiecks gilt $a^2 = p \cdot c$ und $b^2 = q \cdot c$, so ist das Dreieck rechtwinklig und c die Hypotenuse.
- **Umkehrung des Höhensatzes:** Wenn in einem Dreieck eine Höhe h die zugehörige Seite in zwei Abschnitte p und q teilt und wenn gilt $h^2 = p \cdot q$, dann ist das Dreieck rechtwinklig.

Um einen rechten Winkel zu bestimmen bzw. zu vermessen, misst man die Längen 3 m und 4 m auf einem Gelände ab. Ist die dritte Strecke 5 m lang, dann gilt: $3^2 + 4^2 = 5^2$.
Aus der Umkehrung des Satzes von Pythagoras folgt, dass das Dreieck rechtwinklig ist.

ÜBUNG 17 Ist das Dreieck ABC rechtwinklig? Gib gegebenenfalls den rechten Winkel an.

	a)	b)	c)	d)	e)	f)
$c = \overline{AB}$	17 cm	2,4 cm	14 cm	13 dm	7 m	0,6 dm
$b = \overline{AC}$	8 cm	2,4 cm	49 cm	0,5 m	250 cm	12 cm
$a = \overline{BC}$	15 cm	4,8 cm	50 cm	1,2 m	24 dm	1,5 dm

ÜBUNG 18 Gib an, ob bei folgenden Maßangaben das Dreieck ABC mit dem Höhenfußpunkt D zwischen A und B rechtwinklig ist oder nicht.

a) $\overline{AD}$ = 5 cm; $\overline{DB}$ = 12,8 cm; $\overline{CD}$ = 8 cm
b) $\overline{DB}$ = 5 cm; $\overline{AB}$ = 20 cm; $\overline{CD}$ = 10 cm
c) $\overline{AD}$ = 6,4 cm; $\overline{DB}$ = 2,8 cm; $\overline{CD}$ = 4,4 cm
d) $\overline{AD}$ = 2,4 dm; $\overline{AB}$ = 30 cm; $\overline{CD}$ = 0,12 m

ÜBUNG 19 In einem rechtwinkligen Dreieck ist die Höhe 6 cm lang.

a) Wie lang könnten die Hypotenusenabschnitte sein?
b) Wie lang sind sie, wenn ihr Verhältnis 1 : 4 beträgt?
c) Beantworte a) und b) für den Fall, dass die Höhe 10 cm lang ist.

6.3 Trigonometrie am rechtwinkligen Dreieck

In allen rechtwinkligen Dreiecken, die im Winkel α übereinstimmen, ist der Quotient aus der Länge der Gegenkathete des Winkels α und der Länge der Hypotenuse gleich. Sein Wert heißt **Sinus des Winkels α (sin α).**

$$\sin \alpha = \frac{\text{Länge der Gegenkathete von } \alpha}{\text{Länge der Hypotenuse}}$$

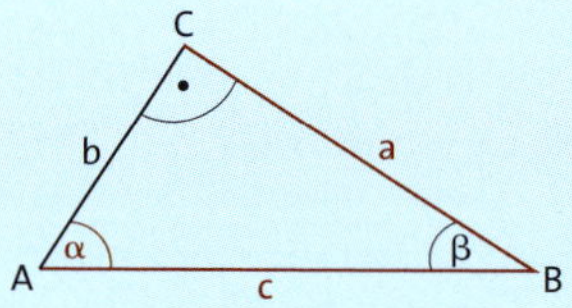

$\mathbf{\sin \alpha = \frac{a}{c}}$; $\sin \beta = \frac{b}{c}$

Ebenso hat der Quotient aus der Länge der Ankathete von α und der Länge der Hypotenuse in allen rechtwinkligen Dreiecken denselben Wert. Er heißt **Kosinus des Winkels α (cos α).**

$$\cos \alpha = \frac{\text{Länge der Ankathete von } \alpha}{\text{Länge der Hypotenuse}}$$

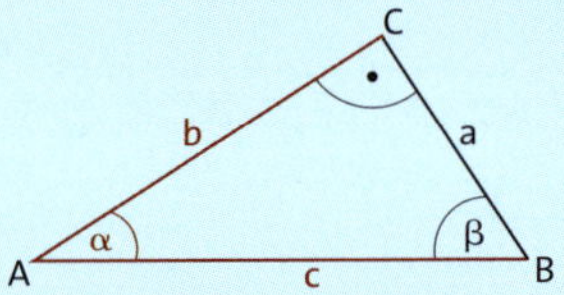

$\mathbf{\cos \alpha = \frac{b}{c}}$; $\cos \beta = \frac{a}{c}$

In allen rechtwinkligen Dreiecken, die im Winkel α übereinstimmen, hat der Quotient aus der Länge der Gegenkathete des Winkels α und der Länge der Ankathete des Winkels α denselben Wert. Dieser Wert heißt **Tangens des Winkels α (tan α).**

$$\tan \alpha = \frac{\text{Länge der Gegenkathete von } \alpha}{\text{Länge der Ankathete von } \alpha}$$

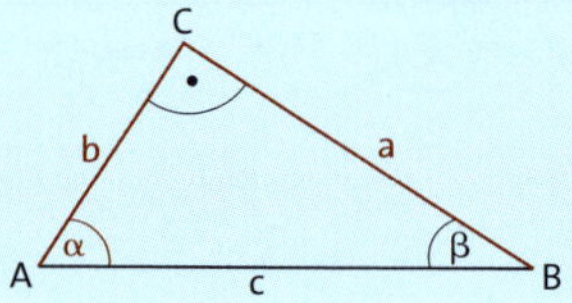

$\mathbf{\tan \alpha = \frac{a}{b}}$; $\tan \beta = \frac{b}{a}$

Die Sinus- und Kosinuswerte eines Winkels β nehmen im rechtwinkligen Dreieck nur Werte zwischen 0 und 1 an.

Im rechtwinkligen Dreieck gilt für $0° < \beta < 90°$:

- $0 < \sin \beta < 1$
- $1 > \cos \beta > 0$
- Im rechtwinkligen Dreieck gilt für die Tangenswerte des Winkels β mit $0° < \beta < 90°$, dass $0 < \tan \beta < \infty$.

Hinweis: Wenn du den Sinus (Kosinus, Tangens) eines Winkels kennst, kannst du die Winkelgröße mit dem Taschenrechner meistens mit der Taste $\sin^{-1}$ ($\cos^{-1}$, $\tan^{-1}$) berechnen.

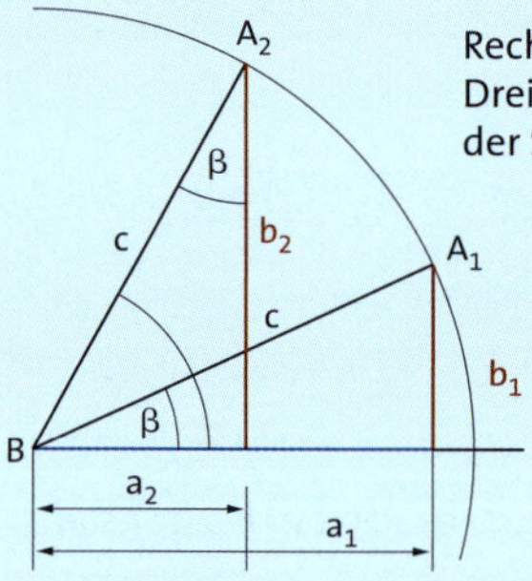

Rechtwinkliges Dreieck, Seite c mit der Seitenlänge 1.

$\sin \beta = \frac{b_1}{c} = b_1$	$\cos \beta = \frac{a_1}{c} = a_1$
(Länge von c = 1)	(Länge von c = 1)
$\sin 25° \approx 0{,}42$	$\cos 25° \approx 0{,}91$
$\sin 65° \approx 0{,}91$	$\cos 65° \approx 0{,}42$

ÜBUNG 20 **Ergänze die Begriffe in deinem Übungsheft.**

a) Der rechte Winkel ist ...
b) Die Hypotenuse ist ...
c) Die Ankathete zu α ist ...
d) Die Gegenkathete zu γ ist ...
e) Die Gegenkathete zu α ist ...
f) Die Ankathete zu γ ist ...

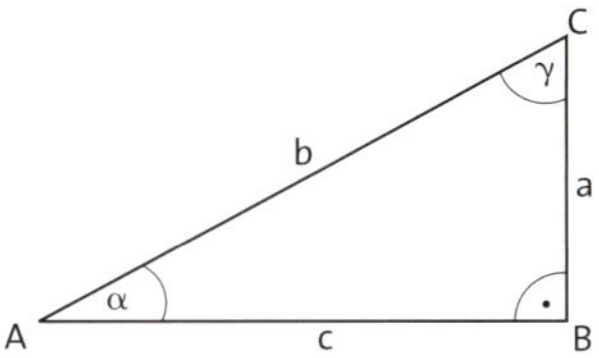

ÜBUNG 21 **Vervollständige die zu den Dreiecken gehörenden Gleichungen.**

a)
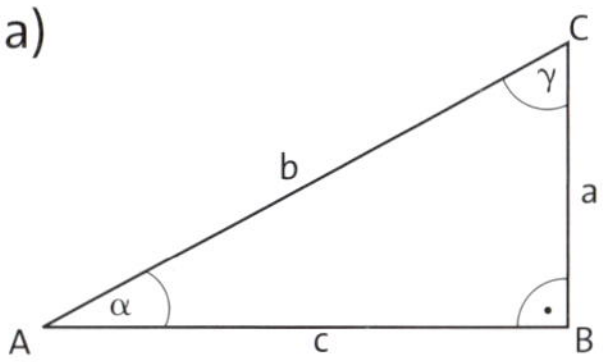

b)
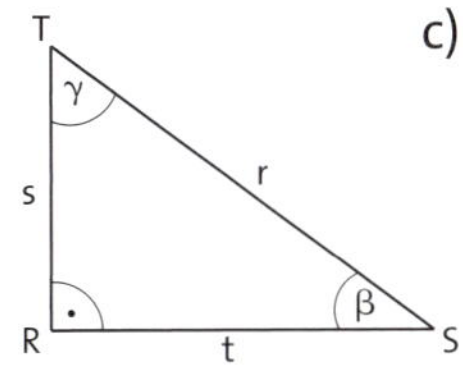

c)
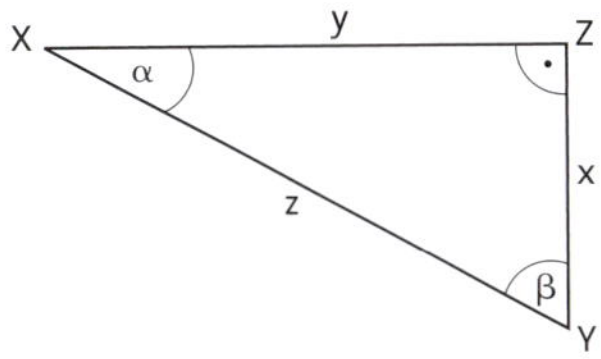

$\sin\alpha = \frac{\square}{b}$; $\tan\alpha = \frac{\square}{c}$ $\sin\beta = \frac{\square}{r}$; $\tan \square = \frac{s}{t}$ $\sin\beta = \frac{\square}{z}$; $\tan\beta = \frac{\square}{x}$

$\cos \square = \frac{a}{b}$; $\tan \square = \frac{c}{a}$ $\cos\beta = \frac{t}{\square}$; $\tan \square = \frac{t}{s}$ $\cos\beta = \frac{x}{\square}$; $\tan\alpha = \frac{x}{\square}$

ÜBUNG 22 **Berechne jeweils die Länge der Seite x.**

a)
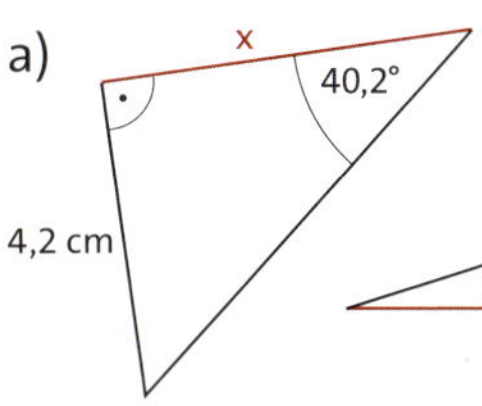

b)
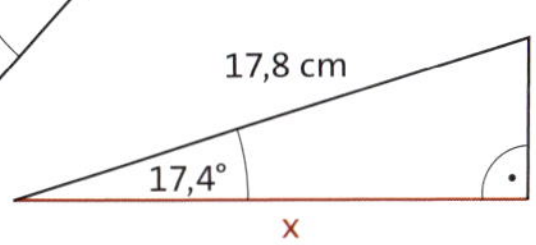

c)
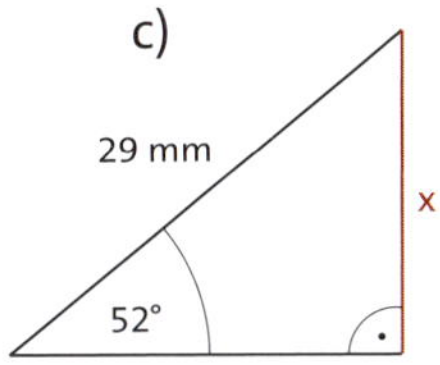

d)
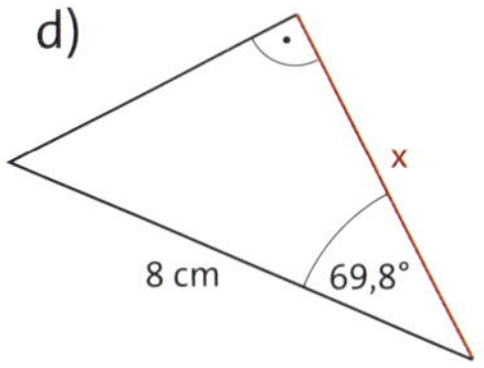

ÜBUNG 23 **Berechne die fehlenden Stücke im rechtwinkligen Dreieck ABC mit $\gamma = 90°$. Bestimme zuerst die Winkel.**

a) $a = 4{,}5\,\text{cm}$; $c = 7{,}3\,\text{cm}$ b) $b = 39\,\text{cm}$; $c = 9{,}1\,\text{dm}$ c) $a = 230\,\text{cm}$; $b = 4{,}9\,\text{m}$

ÜBUNG 24 **Die Dachsparren des Rohbaus stehen an der Dachtraufe 45 cm über. Berechne die Größe des Neigungswinkels α und die Breite x des Giebels.**

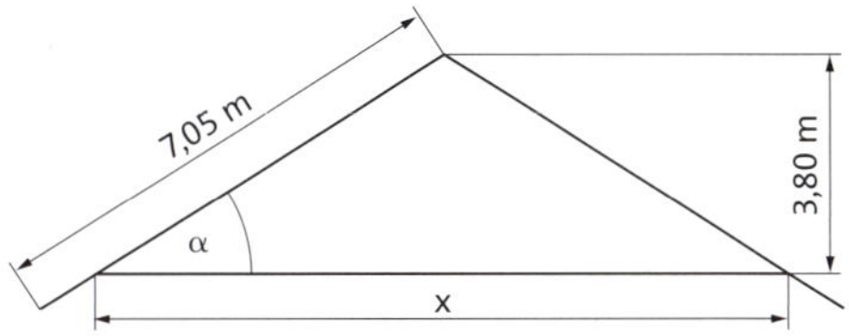

ÜBEN

Klassenarbeit 1

45 Minuten

AUFGABE 1 **Berechne jeweils x mit einer Nachkommastelle. (Hinweis: Die Figuren sind nicht maßstabsgetreu.)**

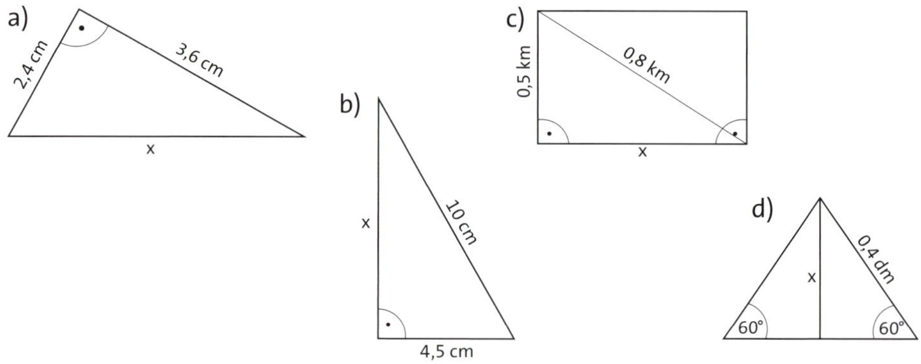

AUFGABE 2 **Berechne jeweils die gesuchte Kathete (gesuchten Katheten) im Dreieck ABC ($\gamma = 90°$). Konstruiere das Dreieck, um die Rechnung zu kontrollieren.**

a) c = 8 cm; b = 3,4 cm; gesucht: a
b) c = 7 cm; a = 4 cm; gesucht: b
c) c = 6,5 cm; q = 4,2 cm; gesucht: b; a
d) b = 4,8 cm; q = 4 cm ; gesucht: a

AUFGABE 3 **Eine aufklappbare Trittleiter ist 2,80 m lang. Wenn du sie aufstellst, wegen der Sicherheit natürlich voll geöffnet, sind ihre Füße am Boden 1,50 m voneinander entfernt. Berechne die Höhe der Leiter.**

AUFGABE 4 **Überprüfe durch Rechnung, ob das gegebene Dreieck rechtwinklig ist.**

a) a = 3 cm; b = 4 cm; c = 5 cm
b) a = 3,1 cm; b = 5 cm; c = 6,3 cm
c) a = 4 m; b = 7,5 m; c = 8,5 m
d) a = 20 dm; b = 21 dm; c = 290 cm

AUFGABE 5 **Berechne den Umfang und den Flächeninhalt einer Raute, deren Diagonalen 6,5 cm und 3,9 cm lang sind.**

AUFGABE 6 **Berechne das Volumen und den Oberflächeninhalt eines Würfels, dessen Raumdiagonale 22,5 cm lang ist.**

AUFGABE 7 **Daniel ist auf einen 68 m hohen Turm gestiegen, dank des klaren Wetters hat er eine besonders gute Aussicht. Wie weit kann er theoretisch sehen? (Hinweis: Wir wollen annehmen, dass die Erde eine mathematische Kugel ist, der Radius beträgt etwa 6370 km.)**

Klassenarbeit 2

45 Minuten

AUFGABE 8 In einem Dreieck ist γ der rechte Winkel. Jeweils zwei der sechs Stücke a, b, c, p, q und h sind bekannt. Berechne die übrigen und vervollständige die Tabelle.

a	b	c	p	q	h
4 cm		4,5 cm			
	23 mm		15 mm		
			5,2 cm		3,4 cm

AUFGABE 9 Eine Treppenstufe ist 28,5 cm tief und 16 cm hoch. Wie groß ist der Neigungswinkel des Treppengeländers?

AUFGABE 10 Aus einem Baumstamm soll ein Balken mit den Maßen wie in der Zeichnung geschnitten werden. Wie groß muss der Durchmesser d mindestens sein? Berechne den Durchmesser für einen quadratischen Balkenquerschnitt von 12 cm × 12 cm.

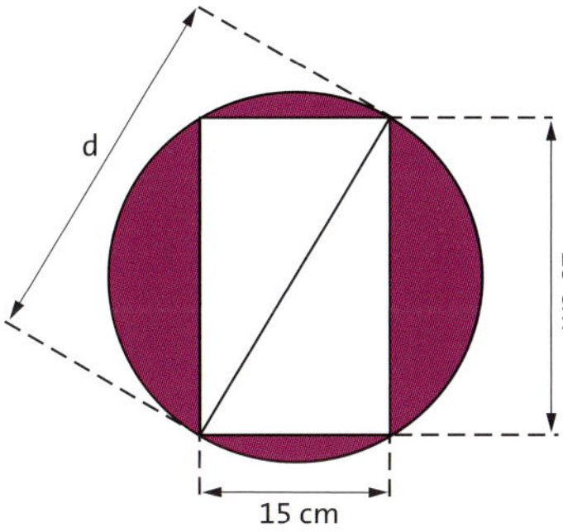

AUFGABE 11 Auf einem Dorfteich blühen Seerosen. Florian fährt mit dem Boot zu einer Blüte hin und stellt fest, dass er sie bis zu 35 cm über die Wasseroberfläche herausziehen kann, dann ist der Stängel straff gespannt. Jetzt entfernt er sich mit dem Boot, bis die Blüte gerade noch vom Wasser bedeckt wird. Sein Freund hat die zurückgelegte Strecke vermessen: genau 1,20 m. Wie tief ist der Teich an der Stelle, an der die Seerose im Boden wurzelt?

Klassenarbeit 3

50 Minuten

AUFGABE 12 **Bestimme folgende Werte mit dem Taschenrechner. Runde, wenn nötig, auf zwei Nachkommastellen.**

a) sin 37,5° = ______ b) cos 66,3° = ______

c) sin ______ = 0,5 d) tan ______ = 1

e) sin 90° = ______ f) tan 57,1° = ______

AUFGABE 13 **Fülle die Tabelle aus. Die Längenangaben gehören zu rechtwinkligen Dreiecken mit der Hypotenuse c.**

	a	b	c	p	q	h
a)			11 cm	3,5 cm		
b)	3,5 cm					2 cm

AUFGABE 14 **Gegeben sind die Punkte A (–3 | –1) und B (9 | 4).**

a) Bestimme zeichnerisch die Länge der Strecke AB. Beachte dabei, dass die Zeichnung im Maßstab 1:2 verkleinert wurde.
b) Ergänze die Strecke AB zeichnerisch im abgebildeten Koordinatensystem zu einem rechtwinkligen Dreieck mit der Hypotenuse AB.
c) Überprüfe rechnerisch die in Teilaufgabe a) gemessene Länge der Strecke AB.
d) Berechne den Flächeninhalt des Dreiecks.
e) Die Punkte einer Strecke seien nun allgemein gegeben durch A $(x_1 | y_1)$ und B $(x_2 | y_2)$. Leite eine allgemeine Formel für den Abstand zwischen zwei Punkten her.

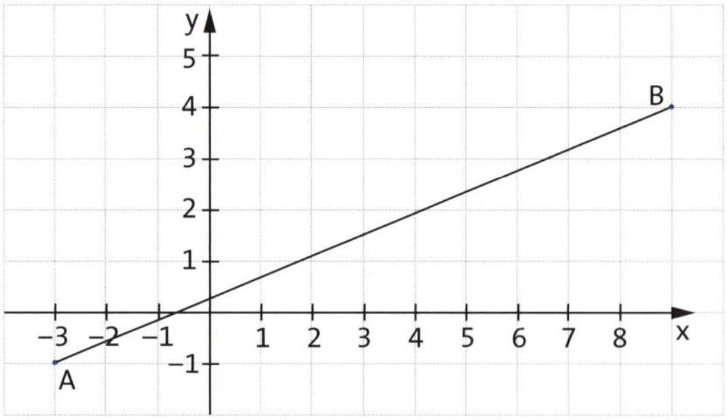

AUFGABE 15 **Gegeben ist das folgende gleichseitige Dreieck.**

a) Wie groß sind die Winkel α und β?
b) Berechne sin α.
c) Berechne sin β.

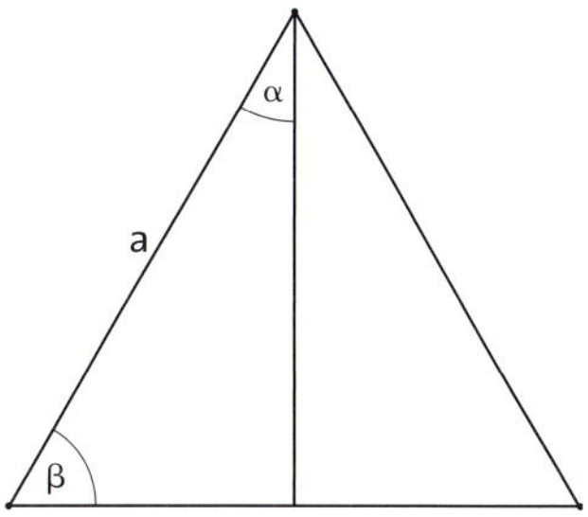

AUFGABE 16 **Berechne die fehlenden Angaben für die rechtwinkligen Dreiecke.**

a) gegeben:
$\gamma = 90°$; a = 3 cm; b = 4 cm

c =

α =

β =

b) gegeben:
$\beta = 90°$; $\alpha = 52°$; b = 6 cm

a =

γ =

c =

AUFGABE 17 **Es sei ein Zylinder mit r = 5 cm und h = 20 cm gegeben. Am Rand des Zylinderbodens sitzt eine Fliege, die einen Honigfleck erreichen will, der genau gegenüber auf einem Viertel der Höhe des Zylinders klebt. Wie kommt die Fliege auf kürzestem Wege dorthin? (Tipp: Gehe von der Abwicklung des Zylinders in der Ebene aus.)**

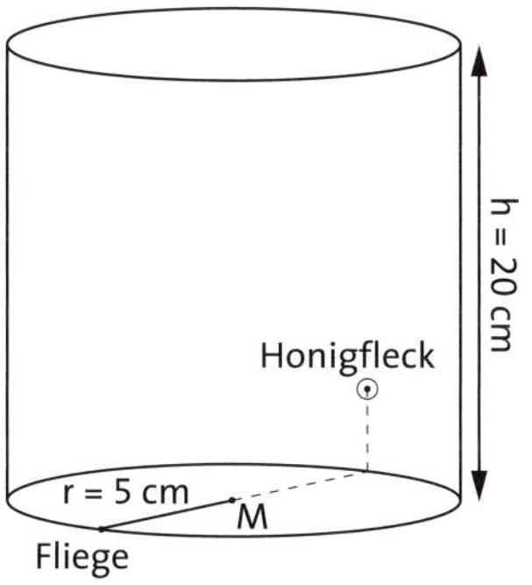

AUFGABE 18 **Konstruiere zu einem Rechteck mit den Seitenlängen 2 cm und 6 cm ein flächengleiches Quadrat.**

7 Berechnungen am Kreis

7.1 Umfang und Fläche

Alle Punkte einer Ebene, die von einem festen Punkt M dieser Ebene den gleichen Abstand r haben, nennt man **Kreis** K (M; r) mit dem **Radius** r.
Für den Durchmesser d gilt:
$d = 2 \cdot r$

Ein Kreis und eine Gerade haben entweder zwei oder einen oder keinen Punkt gemeinsam.

Merke: Berührradius und Tangente stehen senkrecht aufeinander.

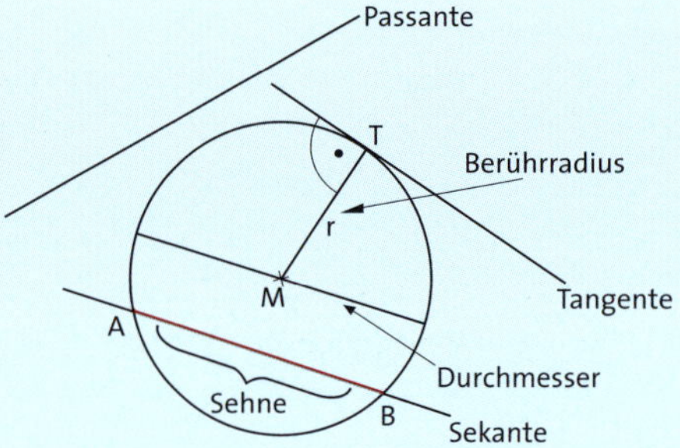

Der **Umfang** U eines Kreises ist proportional zu seinem Durchmesser:
$U \sim d$

Den Umfang eines Kreises berechnest du mit dieser Formel:
$U = \pi \cdot d$ bzw. $\mathbf{U = 2 \cdot \pi \cdot r}$

Der **Flächeninhalt** A eines Kreises ist proportional zu r^2:
$A \sim r^2$

Den Flächeninhalt eines Kreises berechnest du mit dieser Formel:
$\mathbf{A = \pi \cdot r^2}$

Bestimme Umfang und Flächeninhalt eines Kreises, dessen Durchmesser 120 mm beträgt.

Gegeben: d = 120 mm = 12 cm
Gesucht: Umfang U und Flächeninhalt A

$U = \pi \cdot d$	$A = \pi \cdot r^2$
$U = \pi \cdot 12\ \text{cm}$	$A = \pi \cdot 36\ \text{cm}^2$
$U \approx 37{,}7\ \text{cm}$	$A \approx 113{,}1\ \text{cm}^2$

Der Proportionalitätsfaktor ist jeweils die **Kreiszahl** π (pi). π ist irrational und es gilt:
$\pi = 3{,}14159\ldots$.
Meist verwendet man beim Rechnen ohne Taschenrechner die Näherungen $\pi \approx 3{,}14$ oder $\pi \approx \frac{22}{7}$.

Berechne den Durchmesser eines Baumes, dessen Umfang 1,84 m beträgt.
Gegeben: U = 1,84 m
Gesucht: Durchmesser d

$U = \pi \cdot d$; somit: $d = \frac{U}{\pi}$.

$d = \frac{1{,}84\ \text{m}}{\pi}$; $d \approx 0{,}59\ \text{m}$

WISSEN

ÜBUNG 1 **Beschreibe in eigenen Worten, wo an den dargestellten Körpern Kreise zu sehen sind. Gehe auf eventuelle Schnittflächen ein.**

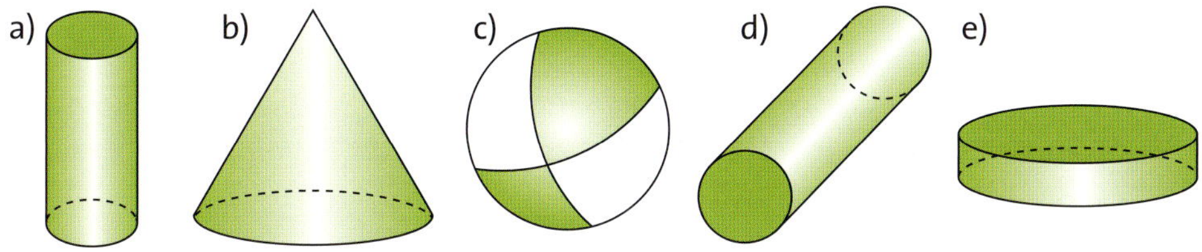

ÜBUNG 2 **Ordne alle in der Abbildung dargestellten Punkte, Strecken und Geraden in einer Tabelle den folgenden Begriffen zu: Punkte außerhalb des Kreises; Punkte innerhalb des Kreises; Punkte des Kreises; Mittelpunkt des Kreises; Radius; Passante; Sekante; Sehne; Tangente; Berührradius.**

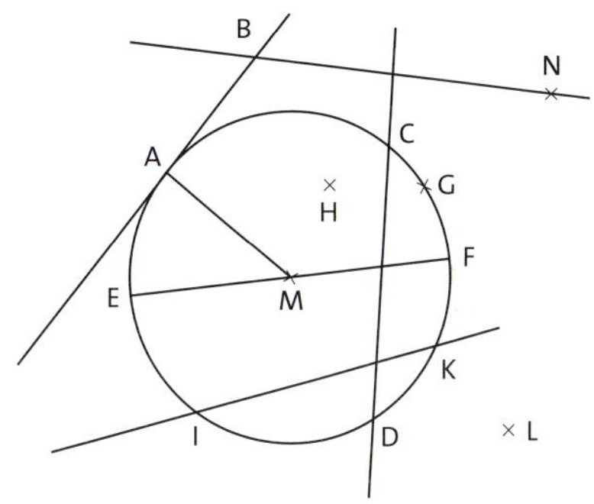

ÜBUNG 3 **Berechne jeweils Umfang und Flächeninhalt. Runde sinnvoll.**

a) r = 1,9 cm b) d = 450 mm c) d = 0,043 km d) r = 0,7 dm

ÜBUNG 4 **Vervollständige die Tabelle.**

Radius	Durchmesser	Umfang	Flächeninhalt	Flächeninhalt des Halbkreises
12,5 cm				
			16 dm^2	
	0,65 km			
		62,8 mm		
				3,8 m^2

ÜBUNG 5 **Um die Erde wird ein Band am Äquator fest anliegend gespannt. Passt eine Maus zwischen Erde und Band hindurch, wenn man das Band um 1 m verlängert und entlang des Äquators überall im gleichen Abstand um die Erde legt? Der Erdradius beträgt ungefähr 6370 km.**

ÜBUNG 6 **Zwei Aufgaben zum Fahrrad.**

a) Wie viele Umdrehungen macht das Vorderrad deines Fahrrades, wenn du bei einer Tour eine Strecke von 17,8 km zurückgelegt hast? Beschreibe, wie du diese Aufgabe löst.

b) Dein Vater hat ein Herrenrad mit 28"-Rädern. Stell dir vor, bei einer Radwanderung legen deine Eltern etwa 28 km zurück. Wie oft haben sich die Räder des Fahrrades deines Vaters gedreht?
(Hinweis: 28" bedeutet 28 Zoll; 1 Zoll = 2,54 cm.)

ÜBUNG 7 **In der Abbildung siehst du die Maße einer Tischplatte.**

a) Berechne die Tischfläche.

b) Beim Eindecken für eine Festtafel rechnet man etwa 75 cm Platz pro Person. Für wie viele Gäste kann an diesem Tisch eingedeckt werden?

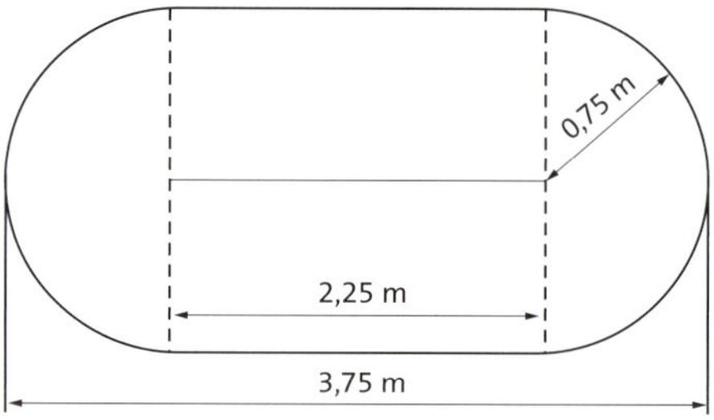

ÜBUNG 8 **Der Durchmesser des Rades eines Motorrades beträgt 70,4 cm. In fünf Minuten dreht sich ein Rad 3205-mal. Wie groß ist die Geschwindigkeit des Fahrzeugs?**

WISSEN +

Fläche eines Kreisringes
Der Flächeninhalt eines Kreisringes ist die Differenz aus dem Flächeninhalt des äußeren Kreises und dem des inneren Kreises.

Beachte: Beide Kreise haben den Mittelpunkt gemeinsam!

$A = \pi \cdot r_2^2 - \pi \cdot r_1^2$

$A = \pi \cdot (r_2^2 - r_1^2)$

$r_2 > r_1$ r_1: innerer Radius
r_2: äußerer Radius

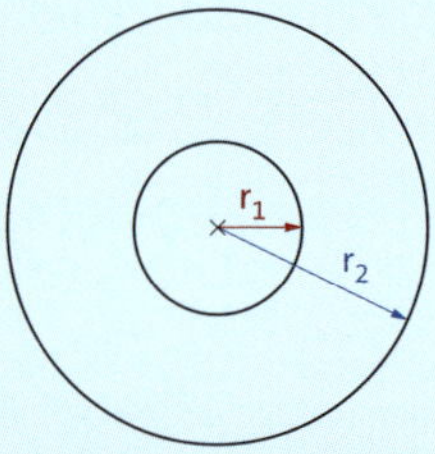

Aus $r_1 = 6\,\text{cm}$ und $r_2 = 7{,}5\,\text{cm}$ berechnet man den Flächeninhalt des Kreisringes:

$A = \pi \cdot [(7{,}5\,\text{cm})^2 - (6\,\text{cm})^2]$

$A \approx 63{,}6\,\text{cm}^2$

ÜBUNG 9 **Der äußere Umfang eines Kreisringes beträgt 7,54 m, sein Flächeninhalt beträgt 2,51 m². Berechne den inneren und den äußeren Radius des Kreisringes.**

ÜBEN

7.2 Kreisbogen und Sektor

Ein **Kreisbogen** ist ein Teil des gesamten Kreises.
Die Länge b dieses Bogens ist durch den Radius des Kreises und den Mittelpunktswinkel α (↑ Kasten S. 94) festgelegt.
Das Verhältnis von α zum Vollwinkel (360°) des Kreises entspricht dem Verhältnis des Kreisbogens zum gesamten Kreisumfang:

$\frac{\alpha}{360°} = \frac{b}{U}$.

Da $U = 2 \cdot \pi \cdot r$, gilt: $b = 2 \cdot \frac{\alpha}{360°} \cdot \pi \cdot r$

bzw. $b = \frac{\alpha}{180°} \cdot \pi \cdot r$.

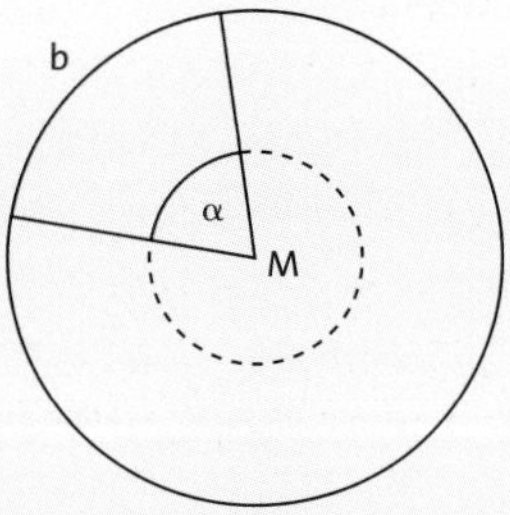

Berechne die Länge des Bogens b für $\alpha = 132°$ und $r = 13{,}5$ m

$b = \frac{132°}{180°} \cdot \pi \cdot 13{,}5\,\text{m}$

$b \approx 31{,}1$ m

Ein **Kreisausschnitt** (Sektor) ist eine Teilfläche einer Kreisfläche, sie wird von den Schenkeln eines Mittelpunktswinkels und dem zugehörigen Kreisbogen begrenzt.

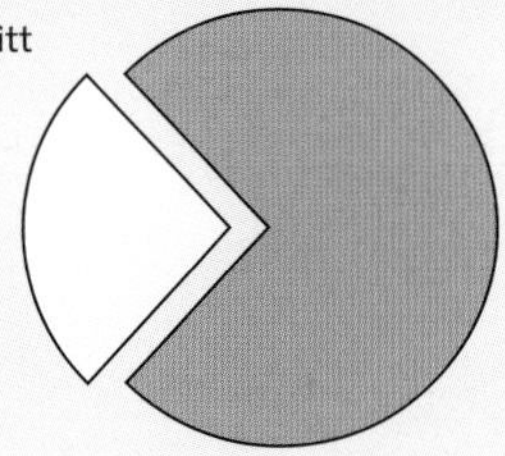

Den **Flächeninhalt** A_S eines **Kreisausschnitts** S berechnest du ebenfalls aus dem Verhältnis des Mittelpunktswinkels zum Vollwinkel:

Aus $A_{Kreis} = \pi \cdot r^2$ folgt: $A_S = \frac{\alpha}{360°} \cdot \pi \cdot r^2$

Berechne den Flächeninhalt eines Kreisausschnittes mit dem Mittelpunktswinkel $\alpha = 74{,}1°$ und dem Radius 4,8 cm.

$A_S = \frac{74{,}1°}{360°} \cdot \pi \cdot 23{,}04\,\text{cm}^2 \approx 14{,}9\,\text{cm}^2$

Den **Flächeninhalt** $A_{S'}$ eines **Kreisringsektors** S' berechnest du folgendermaßen:

$A_{S'} = \frac{\alpha}{360°} \cdot \pi \cdot (r_2^2 - r_1^2)$

Berechne den Flächeninhalt des Kreisringsektors mit dem Mittelpunktswinkel $\alpha = 120°$ und den Radien $r_1 = 5$ cm; $r_2 = 6$ cm.

$A_{S'} = \frac{120°}{360°} \cdot \pi \cdot (36 - 25)\text{cm}^2 \approx \frac{1}{3} \cdot 34{,}56\,\text{cm}^2$

$\approx 11{,}52\,\text{cm}^2$

ÜBUNG 10 **Berechne die Länge des Kreisbogens und den Flächeninhalt eines Kreisausschnittes, von dem bekannt ist:**

a) $r = 5\,cm;\ \alpha = 65°$ b) $r = 7{,}4\,cm;\ \alpha = 145°$ c) $d = 4{,}8\,m;\ \alpha = 90°$
d) $d = 13{,}8\,mm;\ \alpha = 200°$ e) $d = 10\,dm;\ \alpha = 310°$ f) $r = 0{,}5\,m;\ \alpha = 12{,}5°$

ÜBUNG 11 **Übertrage die Figur in dein Übungsheft. Berechne die gekennzeichnete Fläche („Sichelfläche"). Miss die fehlenden Längen oder suche nach einem Weg, wie du Fehlendes berechnen kannst.**

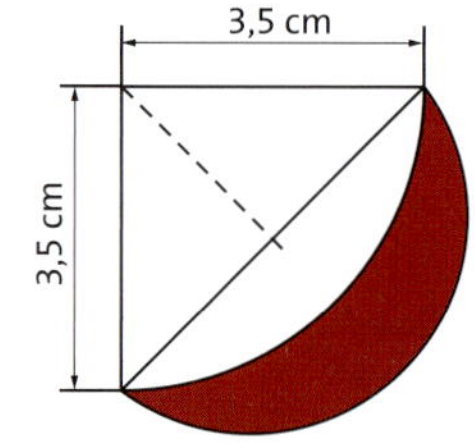

WISSEN

Zur Erinnerung: Winkel am Kreis

- Der Winkel AMB heißt **Mittelpunktswinkel** (Zentriwinkel) über dem Kreisbogen b.
- Der Winkel ACB heißt **Umfangswinkel** (Peripheriewinkel) über dem Kreisbogen b.
- Zeichnet man in einem Endpunkt A einer Sehne AB die Tangente t an den Kreis, so entsteht der **Sehnentangentenwinkel** γ.

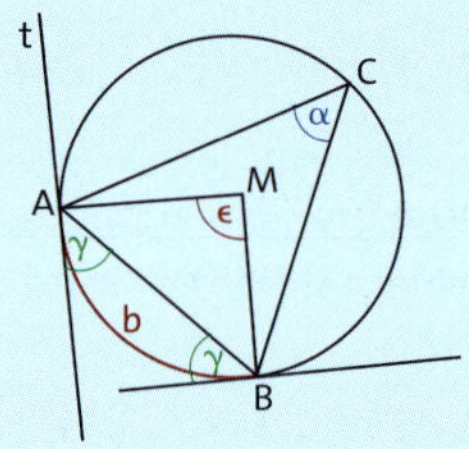

Winkelsätze:

1. Alle Umfangswinkel über demselben Kreisbogen b sind gleich groß.
2. Die Umfangswinkel über einem Kreisbogen sind halb so groß wie der entsprechende Mittelpunktswinkel.
3. Die beiden Sehnen-Tangenten-Winkel zu einem Kreisbogen sind genauso groß wie die entsprechenden Umfangswinkel und halb so groß wie der zugehörige Mittelpunktswinkel.

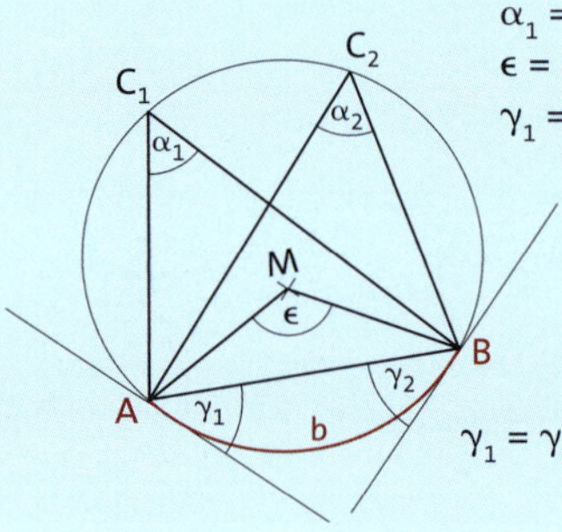

$\alpha_1 = \alpha_2$
$\epsilon = 2\alpha_1 = 2\alpha_2$
$\gamma_1 = \gamma_2 = \frac{1}{2} \cdot \epsilon$

$\gamma_1 = \gamma_2 = \alpha_1 = \alpha_2$

Satz des Thales:
Alle Umfangswinkel über einem Kreisdurchmesser sind rechte Winkel (90°-Winkel).

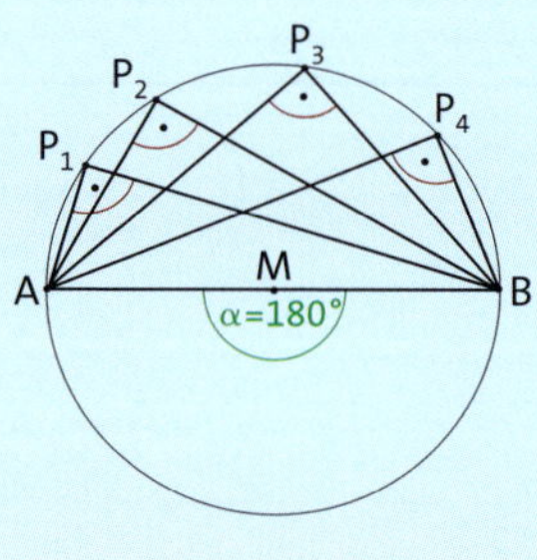

ÜBEN

ÜBUNG 12 Ermittle jeweils, wie viel Prozent der Kreisfläche in den Bildern grün gefärbt sind (Maße in mm). Schätze, bevor du rechnest.

a)
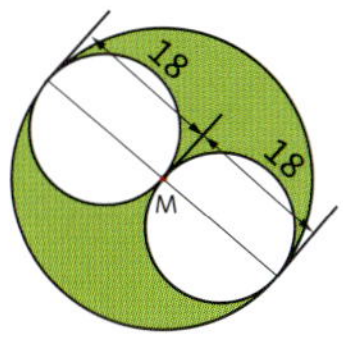

b)
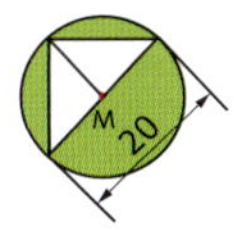

c)
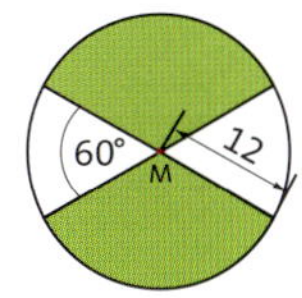

ÜBUNG 13 Ermittle jeweils den Mittelpunktswinkel ϵ über dem Bogen AB, ohne zu messen. Verbinde den Bogen mit einem beliebigen Punkt des Kreises. Wie groß ist jeweils der entstehende Umfangswinkel α?

a)
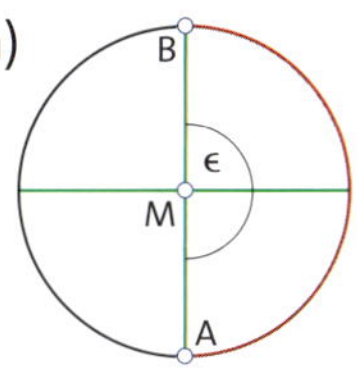

b)
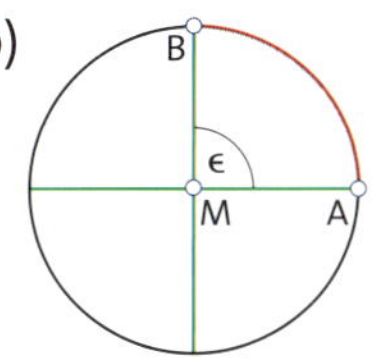

c)
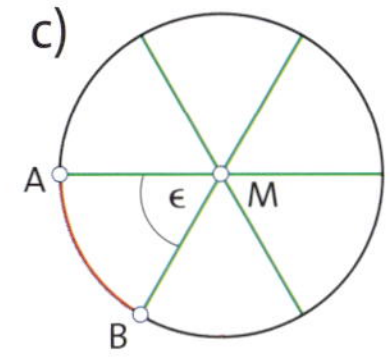

d)
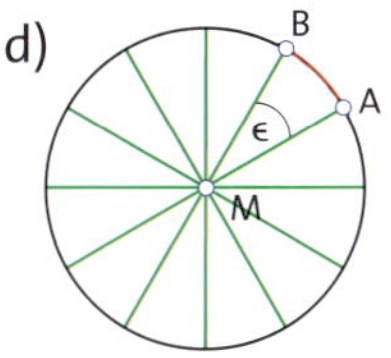

ÜBUNG 14 Wie groß ist jeder Mittelpunktswinkel ϵ und wie groß ist jeder Umfangswinkel α über einem Halbkreisbogen?

ÜBUNG 15 Wie groß sind die Winkel α, β, γ und δ in der Abbildung?

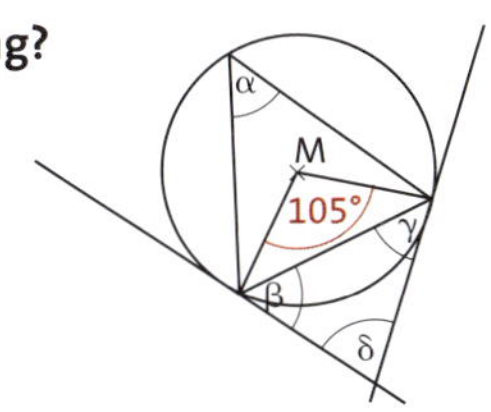

ÜBUNG 16 Betrachte die Abbildung. α ist der Umfangswinkel und β der Mittelpunktswinkel zum Kreisbogen AB.

a) Charakterisiere die Winkel γ und δ.
b) Es gilt: $\alpha = 56°$. Berechne β, γ und δ.
c) Wie groß ist die Summe der Winkel ϵ und φ?

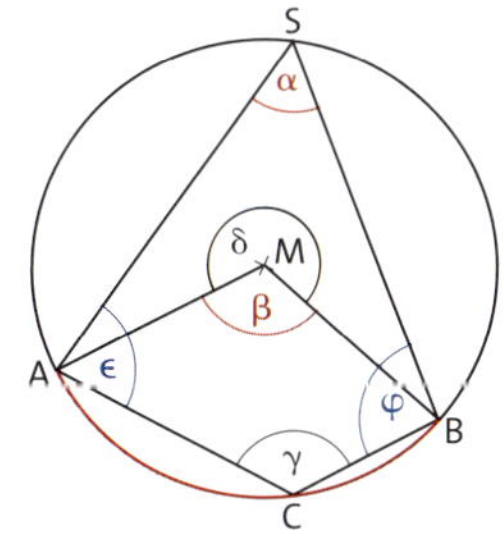

ÜBEN

Klassenarbeit 1

60 Minuten

AUFGABE 1 **Löse folgende Aufgaben.**

a) Berechne den Umfang und den Flächeninhalt eines Kreises, dessen Durchmesser 8,2 cm beträgt.
b) Berechne den Flächeninhalt eines Kreises mit dem Umfang U = 24,8 cm.
c) Bestimme den Umfang und den Flächeninhalt einer CD bzw. DVD.

AUFGABE 2 **Die Größen r, d, A und U beschreiben einen Kreis. Jeweils eine davon ist gegeben, berechne die anderen Größen.**

a) r = 7,8 cm   b) U = 12,7 m   c) U = 0,95 m   d) A = 346 mm²   e) d = 2,5 dm

AUFGABE 3 **Ermittle den Flächeninhalt der markierten Flächen (Bogen AB). Wie viel Prozent der Kreisfläche macht die markierte Fläche jeweils aus? Wähle einen möglichst einfachen Lösungsweg.**

a)
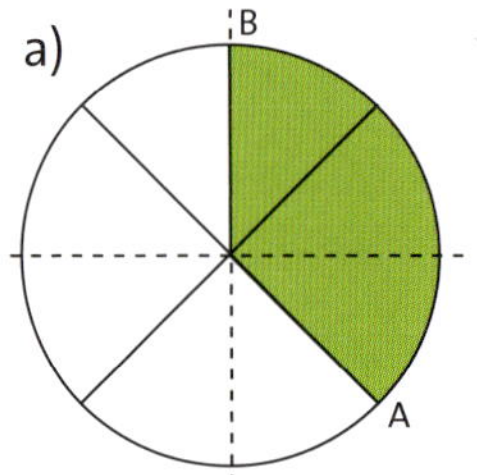

r = 1,3 cm

b)
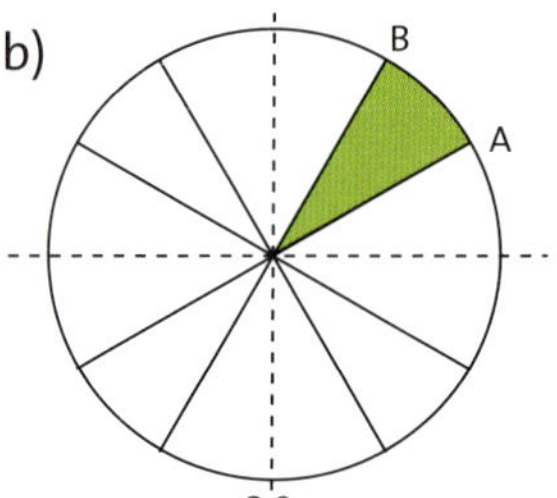

r = 2,0 cm

c)
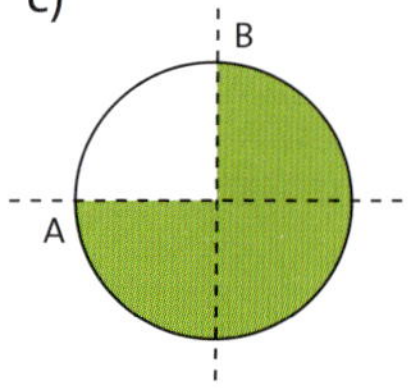

r = 1 cm

AUFGABE 4 **Bei einer Rathausuhr ist der große Zeiger 1,2 m lang, der kleine 0,95 m. Das Ziffernblatt hat einen Durchmesser von 3 m.**

a) Welchen Weg legen die Spitzen der Zeiger an einem Tag zurück?
b) Wie groß ist der Flächeninhalt des Ziffernblattes?

AUFGABE 5 **Ein Tunneldurchbruch hat ursprünglich die Form eines Kreisrings, der innere Durchmesser beträgt 6,4 m. Die Wanddicke der Betonverkleidung beträgt 1,3 m. Wie viele Kubikmeter Beton werden pro laufendem Meter verarbeitet?**

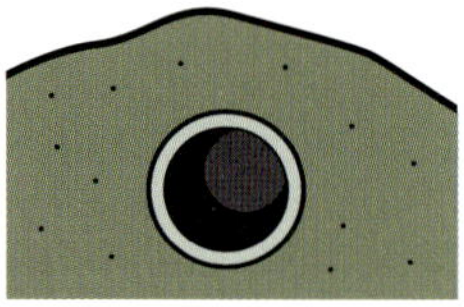

AUFGABE 6 **Der Flächeninhalt eines Kreises beträgt 52,5 cm². Berechne den Umfang des Kreises.**

TESTEN

Klassenarbeit 2

55 Minuten

AUFGABE 7 **Vervollständige die Tabelle. Achte darauf, ob es sich um einen Vollkreis oder einen Kreisbogen bzw. einen Kreisausschnitt handelt.**

	Radius r	Mittelpunkts-winkel α	Bogenlänge b	Flächeninhalt A_s
a)	4 cm	$\alpha = 30°$		
b)		$\alpha = 50°$		10 m²
c)	8 m			80 m²
d)			3 m	16 m²

AUFGABE 8 **Berechne die Größe der eingefärbten Fläche in der abgebildeten Figur.**

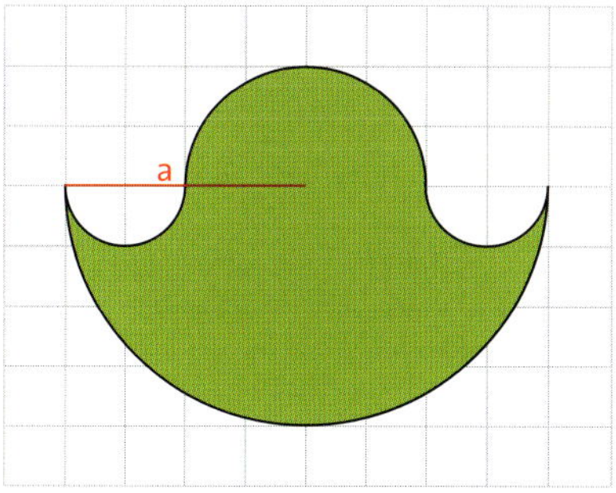

AUFGABE 9 **Die Laufbahn eines Sportplatzes besteht aus zwei Halbkreisen und zwei geraden Streckenstücken.**

a) Wie lang sind die geradlinigen Laufstrecken zwischen den beiden Kurven, wenn die Länge einer Stadionrunde auf der Innenbahn 400 m beträgt?
b) Um wie viel ist die zweite Laufbahn länger als die Innenbahn, wenn die Breite der einzelnen Bahnen jeweils 1,22 m beträgt?

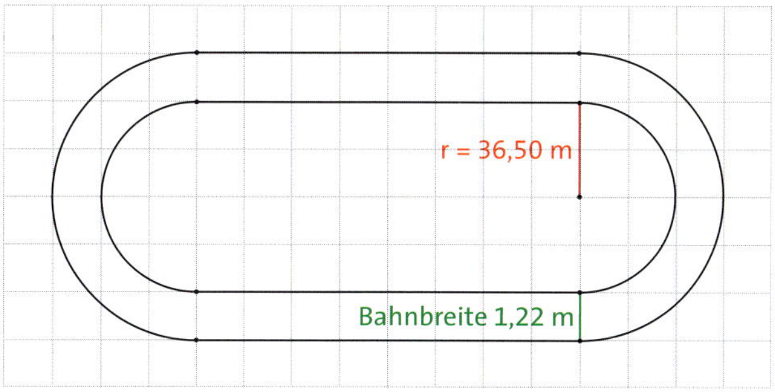

TESTEN

AUFGABE 10 **Um eine kreisförmige Blumenrabatte mit einem Durchmesser von 14 m soll ein 1 m breiter Kiesweg angelegt werden.**

a) Für $\frac{1}{4}$ m² benötigt man 25 kg Kies zu 13,95 €. Was kostet der Weg?
b) Am äußeren Rand des Weges soll ein 1,20 m breiter Rasenstreifen die Blumenrabatte optisch wirkungsvoller gestalten. Wie groß ist die Rasenfläche?
c) Welchen prozentualen Anteil an der Fläche der Blumenrabatte machen Kies- und Rasenfläche zusammen aus? (Runde auf zwei Nachkommastellen.)

AUFGABE 11 **Ein Satellit umkreist die Erde auf einer Kreisbahn mit 8 km/s. Für eine Erdumkreisung benötigt er 1 h 28 min. Wie groß ist sein Abstand zur Erdoberfläche, wenn der Erdradius 6378 km beträgt?**

AUFGABE 12 **Einem Quadrat ist ein Kreis einbeschrieben und ein Kreis umbeschrieben. Wie verhalten sich die Flächeninhalte der beiden Kreise zueinander?**

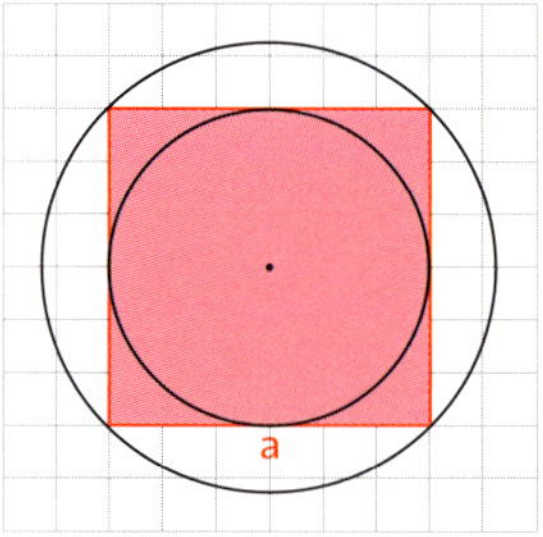

AUFGABE 13 **Ein Quadrat hat die Seitenlänge a. Wie groß muss der Mittelpunktswinkel α des Kreisausschnitts sein, damit der Kreisausschnitt denselben Flächeninhalt wie das Quadrat hat?**

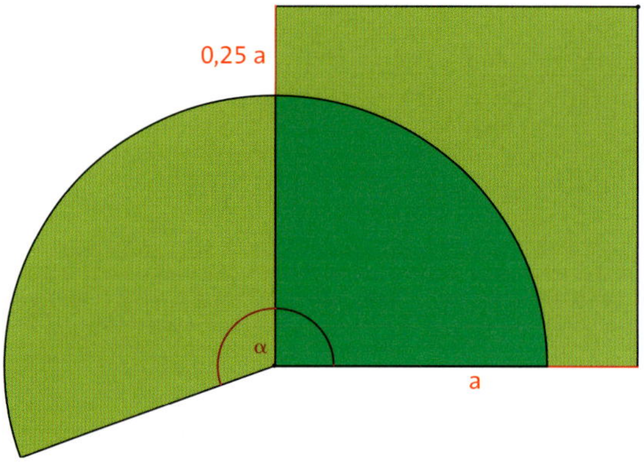

TESTEN

8 Raumgeometrie

8.1 Prisma und Zylinder

Prisma

Ein **Prisma** wird begrenzt von
- einer **Grund-** und einer **Deckfläche**, die zueinander parallele und kongruente (deckungsgleiche) n-Eckflächen sind;
- einer **Mantelfläche** (den Seitenflächen), die aus n Parallelogrammen besteht.

Der Abstand zwischen Grund- und Deckfläche heißt **Höhe h** (Körperhöhe) des Prismas.

Berechnung des **Volumens:** $\mathbf{V = A_G \cdot h}$
(A_G: Flächeninhalt der Grundfläche und der Deckfläche)

Berechnung des **Oberflächeninhalts:**
$\mathbf{A_O = 2A_G + A_M}$
(A_M: Flächeninhalt der Mantelfläche)

Bei einem *geraden Prisma* stehen die Seitenkanten *senkrecht* auf der Grundfläche; bei einem *schiefen Prisma* nicht.

Beachte: Ist die Grundfläche eines geraden Prismas eine regelmäßige n-Eckfläche, so handelt es sich um ein **regelmäßiges Prisma.**

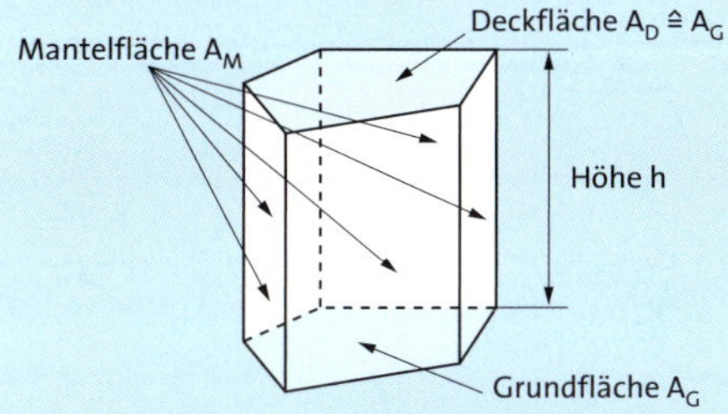

Gegeben sei ein gerades Prisma, dessen Grundfläche ein regelmäßiges Sechseck ist.
a = 6 cm; h = 10,5 cm.
Berechne Volumen und Oberflächeninhalt.
h_a: Höhe des gleichseitigen Dreiecks in A_G

$h_a^2 = a^2 - \left(\frac{a}{2}\right)^2 \approx \mathbf{5{,}2\,cm}$

$A_G = 6 \cdot \frac{a \cdot h_a}{2} = 3 \cdot a \cdot h_a \approx \mathbf{93{,}6\,cm^2}$

$V = A_G \cdot h \approx 93{,}6\,\text{cm}^2 \cdot 10{,}5\,\text{cm} \approx \mathbf{982{,}8\,cm^3}$

$A_M = 6 \cdot a \cdot h = \mathbf{378\,cm^2}$

$A_O = 2A_G + A_M = \mathbf{565{,}2\,cm^2}$

Zylinder

Ein **Zylinder** wird begrenzt von
- zwei kongruenten, zueinander parallelen Kreisflächen (Grund- und Deckfläche) und
- einer gekrümmten Mantelfläche, die abgerollt ein Rechteck darstellt.

Berechnung des **Volumens:** $\mathbf{V = A_G \cdot h}$

mit $A_G = \pi \cdot r^2$ bzw. $A_G = \frac{\pi}{4} \cdot d^2$

Berechnung des **Oberflächeninhalts:**
$A_O = 2A_G + A_M = \mathbf{2 \cdot \pi \cdot r^2 + 2 \cdot \pi \cdot r \cdot h}$

mit $A_G = \pi \cdot r^2$ und $A_M = 2 \cdot \pi \cdot r \cdot h$

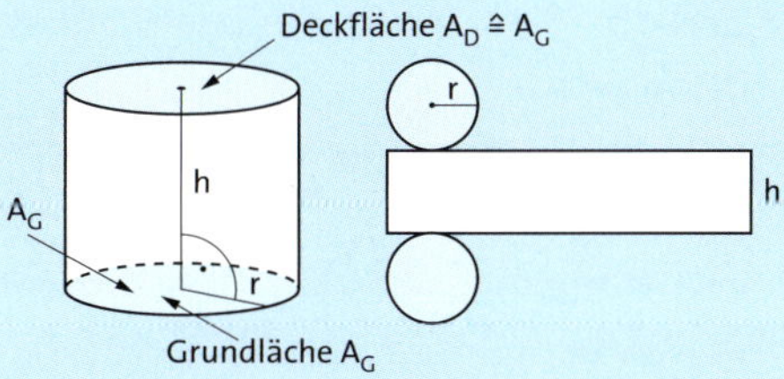

Ein 3 m hoher, zylindrischer Wasserbehälter enthält 24 m³ Wasser, er ist zu 75 % voll.
Berechne den Durchmesser.

$V = 32\,\text{m}^3;\ d = \sqrt{\frac{4V}{\pi \cdot h}};\ d = \sqrt{\frac{4 \cdot 32\,\text{m}^3}{\pi \cdot 3\,\text{m}}};\ d \approx 3{,}7\,\text{m}$

WISSEN

ÜBUNG 1 **Gerade Zylinder werden durch den Radius, den Durchmesser und den Flächeninhalt der Grundfläche sowie durch die Höhe und den Flächeninhalt der Mantelfläche bzw. durch den Oberflächeninhalt und das Volumen beschrieben. Berechne jeweils die fehlenden Größen.**

r	d	h	A_G	A_M	A_O	V
5 cm		8 cm				
	42 mm					42,6 cm^3
			32,2 cm^2			161 cm^3

ÜBUNG 2 **Berechne jeweils Volumen und Oberflächeninhalt des Prismas (Maße in mm).**

a)

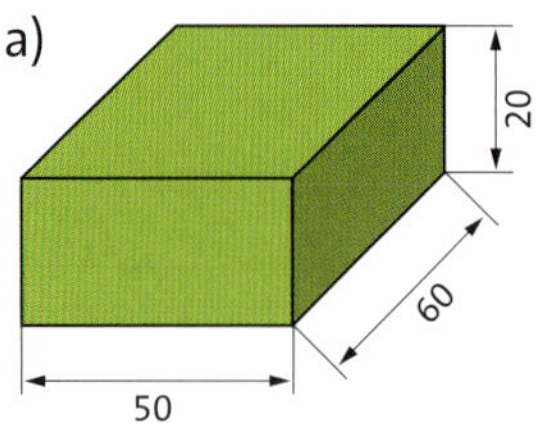

b)

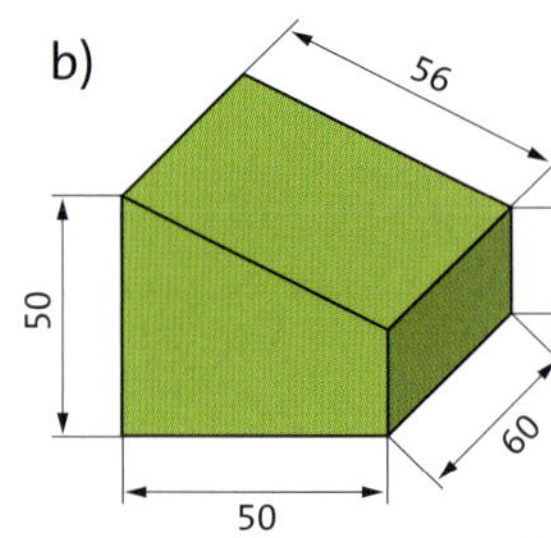

ÜBUNG 3 **Ein Damm ist 3,5 km lang.**

a) Welches Volumen hat er?
b) Er soll mit Rasen bepflanzt werden. Für wie viel Hektar wird Grassamen benötigt? (Hinweis: 1 km^2 = 100 ha)

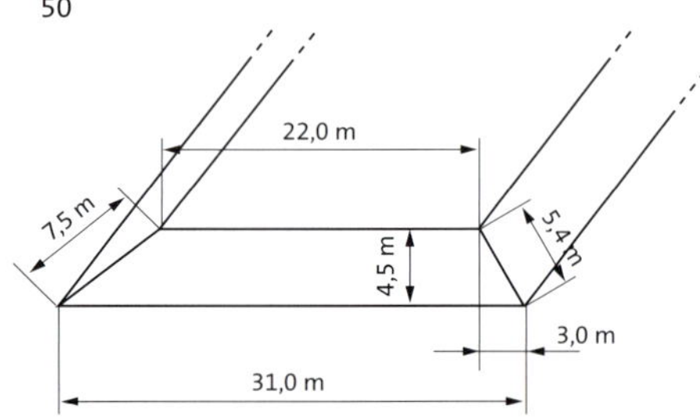

ÜBUNG 4 **Gibt es Würfel, für die die Maßzahl des Oberflächeninhalts gleich der Maßzahl des Volumens ist?**

ÜBUNG 5 **Ein Betonrohr hat einen Außendurchmesser von 48 cm und einen Innendurchmesser von 42 cm. Es ist 1,00 m lang. Kann man dieses Rohr alleine tragen? Überprüfe deine Vermutung anhand einer Rechnung (Dichte des Betons: $\rho = 2{,}7\,\frac{g}{cm^3}$).**

ÜBUNG 6 **Ein zylindrisches Gefäß hat einen Innendurchmesser von 150 mm, es ist 20 cm hoch. Bis zu welcher Höhe ist es gefüllt, wenn genau 2 l Wasser eingegossen werden?**

ÜBUNG 7 **Ein DIN-A4-Blatt hat das Format 29,6 cm × 21,0 cm. Bastle daraus eine Papierröhre (Kleberand 1,0 cm). Dafür gibt es zwei Möglichkeiten. Berechne jeweils das Volumen.**

8.2 Pyramide und Kegel

Pyramide

Eine **Pyramide** wird begrenzt von
- einer Grundfläche (n-Eckfläche) und
- n Dreiecksflächen mit gemeinsamem Scheitelpunkt S, der **Spitze** der Pyramide.

Die **Höhe** des Körpers wird mit h (auch h_k) bezeichnet.
- Die **Seitenhöhen** der Dreiecksflächen des Mantels werden häufig mit h_a (auch h_s) bezeichnet.

Berechnung des **Volumens:**

$V_{Pyramide} = \frac{1}{3} A_G \cdot h$

(A_G: Flächeninhalt der Grundfläche)

Berechnung des **Oberflächeninhalts:**

$A_O = A_G + A_M$

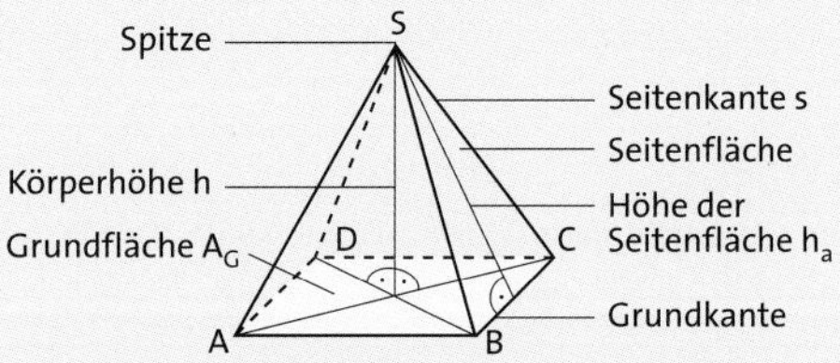

Berechne Volumen und Oberflächeninhalt der quadratischen Pyramide mit a = 6 cm; h = 8 cm. Die Höhe h_a der Dreiecksflächen des Mantels beträgt etwa 8,5 cm.

$A_G = a^2 = \mathbf{36\,cm^2}$

$V = \frac{1}{3} \cdot A_G \cdot h = \frac{1}{3} \cdot \mathbf{288\,cm^3 = 96\,cm^3}$

$A_M = 2 \cdot a \cdot h_a \approx 102\,cm^2$

$A_O \approx 36\,cm^2 + 102\,cm^2 = \mathbf{138\,cm^2}$

Kegel

Ein **Kreiskegel** wird begrenzt von
- einer Grundfläche (Kreisfläche) und
- einer gekrümmten Fläche, die abgerollt einen Kreisausschnitt (mit Radius s) ergibt.

Der abgerollte Mantel A_M ist ein Ausschnitt aus der Kreisfläche A_K mit dem Radius s. Der Kreisbogen b entspricht dem Umfang von A_G.

$\frac{A_M}{A_K} = \frac{b}{2 \cdot \pi \cdot s}$; $\frac{A_M}{\pi \cdot s^2} = \frac{2 \cdot \pi \cdot r}{2 \cdot \pi \cdot s}$; also $A_M = \pi \cdot r \cdot s$.

Berechnung des **Volumens:**

$V = \frac{1}{3} A_G \cdot h$

mit $A_G = \pi \cdot r^2$ bzw. $A_G = \frac{1}{4} \pi \cdot d^2$

Berechnung des **Oberflächeninhalts:**

$A_O = A_G + A_M$

mit $A_G = \pi \cdot r^2$ und $A_M = \pi \cdot r \cdot s$

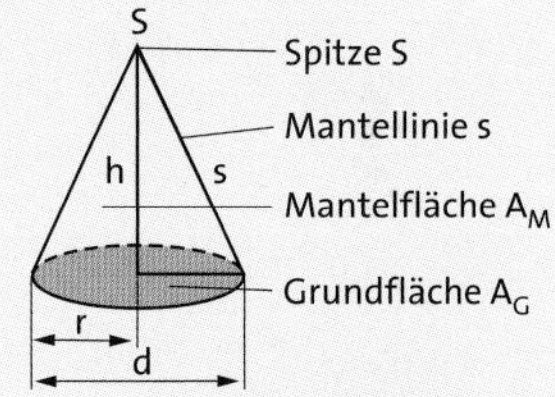

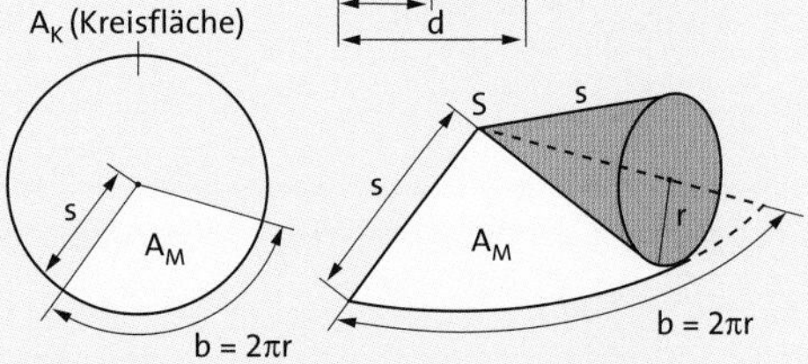

Bestimme den Radius des Grundkreises eines Kegels, dessen Volumen etwa 56,55 cm³ und dessen Höhe 6 cm beträgt.

$V = \frac{1}{3} \pi \cdot r^2 \cdot h$; $r = \sqrt{\frac{3V}{\pi \cdot h}} = \sqrt{\frac{3 \cdot 56{,}55\,cm^3}{\pi \cdot 6\,cm}}$

$r \approx 3\,cm$.

Für den Oberflächeninhalt A_O gilt:

$s = \sqrt{h^2 + r^2}$; $s \approx 6{,}7\,cm$

$A_O = \pi \cdot r \cdot (r + s)$; $A_O \approx 91{,}4\,cm^2$

ÜBUNG 8 **Berechne das Volumen einer Pyramide mit rechteckiger Grundfläche. Die Grundkantenlängen betragen 4,8 cm bzw. 6,0 cm, die Höhe ist 0,1 m lang.**

ÜBUNG 9 **Wie verändert sich das Volumen einer quadratischen Pyramide, wenn ...**

a) bei gleicher Grundfläche die Höhe verdoppelt wird?
b) bei gleicher Höhe die Grundkante verdoppelt wird?

ÜBUNG 10 **Eine quadratische Pyramide, deren Grundkanten 8,5 cm lang sind, hat ein Volumen von 144,5 cm³. Wie hoch ist die Pyramide?**

WISSEN

Pythagoras und Pyramide
Oft sind neben der Höhe und den Kanten der Grundfläche andere Stücke einer Pyramide bekannt. Dann kann man mit den Sätzen der Satzgruppe von Pythagoras fehlende Stücke berechnen. Hier ist dies an einer Pyramide mit quadratischer Grundfläche gezeigt.

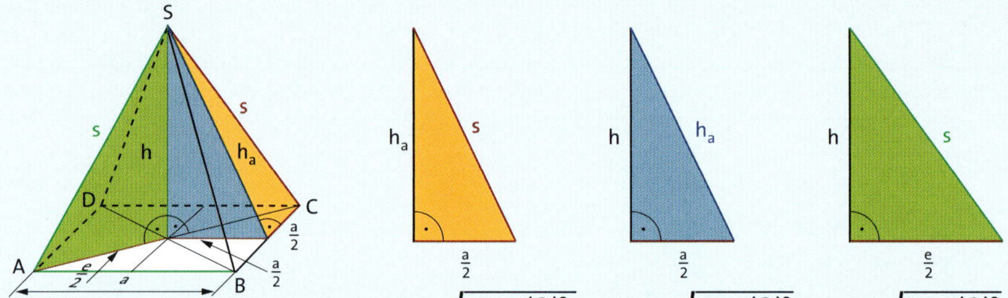

$s = \sqrt{h_a^2 + \left(\frac{a}{2}\right)^2}$ $\quad h_a = \sqrt{h^2 + \left(\frac{a}{2}\right)^2}$ $\quad s = \sqrt{h^2 + \left(\frac{e}{2}\right)^2}$

h: Körperhöhe; h_a: Höhe der Seitenfläche (auch häufig h_s); s: Seitenkante; S: Spitze der Pyramide; e: Diagonale des Grundflächenquadrats

ÜBUNG 11 **Berechne das Volumen und den Oberflächeninhalt einer quadratischen Pyramide.**

a) a = 4,5 cm; s = 8 cm b) a = 60 mm; h = 10 cm c) a = 35 cm; h_a = 0,8 m

ÜBUNG 12 **Berechne für die folgenden geraden Kreiskegel die gesuchten Größen.**

a) r = 12 cm; h = 12 cm; gesucht: d; U; V
b) d = 25 mm; s = 32 mm; gesucht: A_M, A_O, h, V

ÜBUNG 13 **Ein kegelförmiger Sandhaufen soll abgefahren werden. Der Umfang dieses Kegels wurde durch Abschreiten auf etwa 24 m ermittelt, seine Höhe auf 2,5 m geschätzt. Wie viele Fahrten müssen gemacht werden, wenn der Lastwagen eine Tragfähigkeit von 4 t hat (1 m³ Sand wiegt 1850 kg)?**

8.3 Kugel

Die Menge aller Punkte, deren Entfernung von M gleich r ist, bildet eine **Kugelfläche.** Ein **Kugelkörper** ist die Menge aller Punkte des Raumes, deren Entfernung von einem festen Punkt M höchstens r ist.

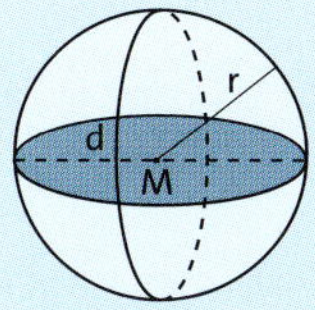

M ist der Mittelpunkt und r der Radius der Kugel. Für den Durchmesser d gilt: $d = 2r$.

Unter einer **Kugel** versteht man einen Kugelkörper oder eine Kugelfläche.

Satz des Cavalieri

Wenn für zwei Körper gilt:
- Ihre Grundflächen sind gleich,
- ihre Höhen sind gleich,
- jede zur Grundfläche parallele Schnittfläche in gleicher Höhe erzeugt flächengleiche Schnittflächen, so haben beide Körper gleiches Volumen.

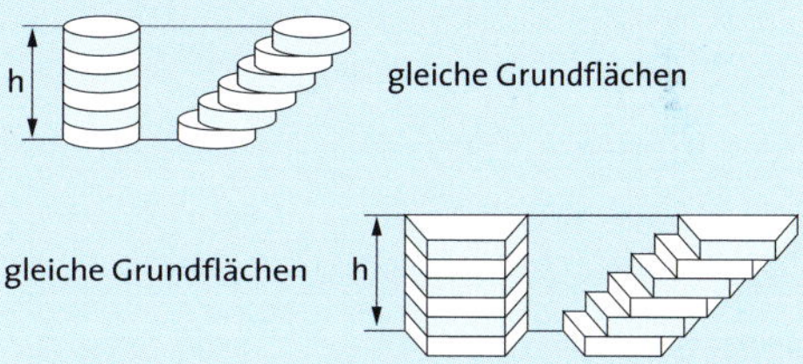

Volumen einer Kugel

Schneidet man aus einem Zylinder mit Radius r und Höhe r einen Kegel mit Radius r und Höhe r, so hat der Restkörper dasselbe Volumen wie eine Halbkugel mit demselben Radius, denn es gilt:
- Die Grundflächen beider Körper haben denselben Flächeninhalt und die Körperhöhen sind ebenfalls gleich.
- Schneidet man die Körper in beliebiger Höhe parallel zur Grundfläche, so entstehen flächengleiche Schnittflächen:

Kreisfläche:	**Kreisringfläche:**
$A_K = \pi \cdot r_1^2$	$A_{KR} = \pi \cdot (r^2 - r_2^2)$
$r_1^2 = r^2 - h^2$	$r_2 = h$ (Katheten)
$A_K = \pi \cdot (r^2 - h^2)$	$A_{KR} = \pi \cdot (r^2 - h^2)$

Entsprechend dem Satz des **Cavalieri** gilt:

$$V_{Halbkugel} = V_{Zylinder} - V_{Kegel} = \frac{2}{3}\pi \cdot r^2 \cdot h$$

mit r = h folgt: $\mathbf{V_{Kugel} = \frac{4}{3}\pi \cdot r^3}$

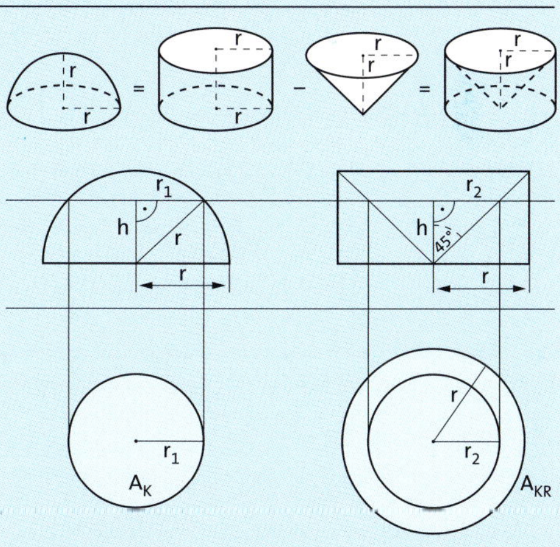

Beachte: Hier findet auch der Satz des Pythagoras Anwendung.

Bestimme das Volumen einer Kugel mit dem Radius r = 3,8 cm.

$V = \frac{4}{3} \cdot \pi \cdot r^3$

$V = \frac{4}{3}\pi \cdot (3{,}8\,cm)^3 \approx 230\,cm^3$

Oberfläche einer Kugel

Die Kugeloberfläche ist eine gekrümmte Fläche, die sich nicht auf einer Ebene abwickeln lässt. Viele Überlegungen, wie z. B. die Zerlegung der Oberfläche in gleich große Teilflächen, führten zu der Gleichung: $\mathbf{A_O = 4\pi \cdot r^2}$

Diese Zerlegung der Kugeloberfläche kannst du dir anhand der Hülle eines Fußballs gut vorstellen.

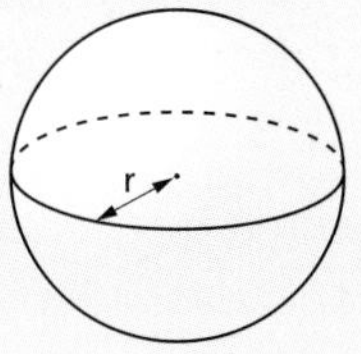

Gegeben: Kugel mit $d = 2{,}9\,m$;
gesucht: A_O

$A_O = 4 \cdot \pi \cdot r^2$

$A_O = 4 \cdot \pi \cdot (1{,}45\,m)^2 \approx \mathbf{26{,}4\,m^2}$

Teile der Kugel

Kugelabschnitte (Kugelsegmente) entstehen, wenn eine Kugel durch eine Ebene geschnitten wird.

Berechnung des **Volumens:**

$V = \frac{1}{6}\pi \cdot h \cdot (3r_2^2 + h^2)$

Berechnung des **Oberflächeninhalts:**

$A_O = \pi \cdot (2r_2^2 + h^2)$

$r_2^2 = r_1^2 - (r_1 - h)^2$

r_1: Kugelradius; r_2: Radius der Schnittfläche

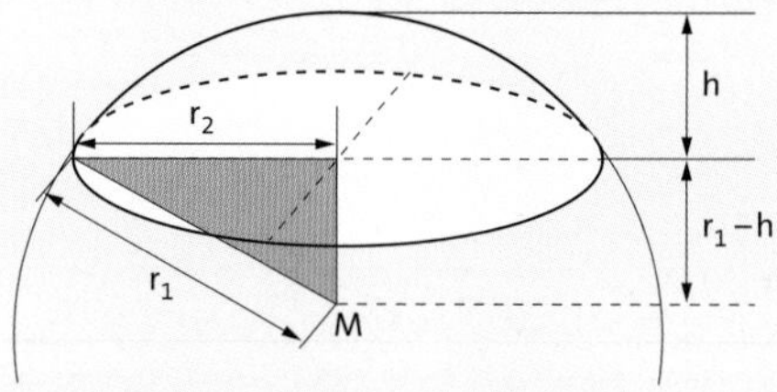

Gegeben: $r_1 = 5\,cm$; $h = 3\,cm$;
gesucht: Volumen V und Oberflächeninhalt A_O

Aus $r_2^2 = r_1^2 - (r_1 - h)^2$ folgt $r_2 \approx 4{,}58\,cm$.

$V \approx \frac{1}{6}\pi \cdot 3\,cm \cdot (3 \cdot (4{,}58\,cm)^2 + (3\,cm)^2)$

$\mathbf{V \approx 113\,cm^3}$

$\mathbf{A_0} \approx \pi \cdot (2 \cdot (4{,}58\,cm)^2 + (3\,cm)^2) \approx \mathbf{160\,cm^2}$

Ein **Kugelausschnitt** (Kugelsektor) ist ein zusammengesetzter Körper aus einem Kugelabschnitt und dem dazugehörigen Kreiskegel mit der Spitze im Mittelpunkt der Kugel.

Berechnung des **Volumens:**

$V = \frac{2\pi}{3} \cdot r_1^2 \cdot h$

Berechnung des **Oberflächeninhalts:**

$A_O = \pi \cdot r_1 \cdot (r_2 + 2h)$

$r_2^2 = r_1^2 - (r_1 - h)^2$

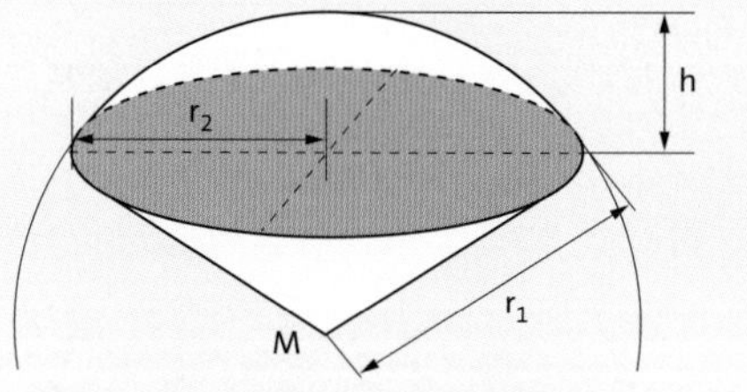

Gegeben: $V = 1508\,cm^3$; $h = 5\,cm$;
gesucht: Oberflächeninhalt A_O

$V = \frac{2\pi}{3} \cdot r_1^2 \cdot h$; $r_1 = \sqrt{\frac{3V}{2\pi \cdot h}}$; $r_1 \approx 12\,cm$

Aus $r_2^2 = r_1^2 - (r_1 - h)^2$ folgt $r_2 \approx 9{,}75\,cm$.

$A_0 = \pi \cdot 12 \cdot (9{,}75\,cm^2 + 2 \cdot 5\,cm^2) \approx \mathbf{744{,}6\,cm^2}$

ÜBUNG 14 **Berechne jeweils das Volumen und den Oberflächeninhalt der Kugel.**

	a)	b)	c)
r	4,5 cm	12 dm	0,85 m

	d)	e)	f)
d	22,8 mm	13 cm	7,2 km

ÜBUNG 15 **Berechne jeweils die Massen der Kugeln aus den angegebenen Materialien. (Tipp: Die Masse eines Körpers wird mithilfe der Gleichung $m = \rho \cdot V$ berechnet.)**

a) $d = 1{,}5\,\text{dm}$
Kupfer
($\rho = 8{,}9\,\frac{\text{g}}{\text{cm}^3}$)

b) $r = 5{,}3\,\text{cm}$
Blei
($\rho = 11{,}4\,\frac{\text{g}}{\text{cm}^3}$)

c) $r = 0{,}06\,\text{m}$
Stahl
($\rho = 7{,}8\,\frac{\text{g}}{\text{cm}^3}$)

ÜBUNG 16 **Berechne das Volumen eines kugelförmigen aufgeblasenen Luftballons mit einem Umfang von 58 cm.**

ÜBUNG 17 **Kann man eine Kugel mit dem Durchmesser $d = 1\,\text{m}$, die aus Kork besteht, anheben bzw. tragen? Die Dichte von Kork beträgt $0{,}27\,\frac{\text{g}}{\text{cm}^3}$.**

ÜBUNG 18 **Wir nehmen an, die Erde sei exakt kugelförmig und die Länge des Äquators betrage genau 40 000 km.**

a) Wie groß sind dann Volumen und Oberflächeninhalt der Erde?
b) Die Erdoberfläche ist zu 71 % mit Wasser bedeckt. Wie viel Quadratmeter der Erdoberfläche bestehen aus Land?

ÜBUNG 19 **Die Durchmesser zweier Kugeln stehen im Verhältnis 1 : 3 (bzw. 2 : 3). In welchem Verhältnis stehen die Oberflächen und Volumen zueinander?**

WISSEN

Die Hohlkugel
Schneidet man aus einer Kugel eine kleinere Kugel mit demselben Mittelpunkt heraus, erhält man eine Hohlkugel.

Zur Berechnung des Volumens einer Hohlkugel bildet man die Differenz der Volumen beider Kugeln:

$V = \frac{4}{3}\pi \cdot r_2^3 - \frac{4}{3}\pi \cdot r_1^3 = \frac{4}{3}\pi \cdot (r_2^3 - r_1^3)$

Bestimme die Masse m einer Hohlkugel aus Silber mit $r_1 = 0{,}8\,\text{cm}$; $r_2 = 1{,}3\,\text{cm}$; $\rho = 10{,}5\,\frac{\text{g}}{\text{cm}^3}$.

$V = \frac{4}{3}\pi \cdot [(1{,}3\,\text{cm})^3 - (0{,}8\,\text{cm})^3] \approx 7{,}1\,\text{cm}^3$

$m = \rho \cdot V$

Einsetzen und berechnen:

m ≈ 74,6 g

ÜBUNG 20 **Eine Hohlkugel aus Glas hat einen Umfang von 188,5 cm, die Dicke des Glases beträgt 3 cm. Wie schwer ist die Kugel, wenn die Dichte des Glases $2{,}6\,\frac{\text{g}}{\text{cm}^3}$ beträgt?**

ÜBUNG 21 **Aus einem Würfel mit einer Kantenlänge von 15 cm wird die größtmögliche Kugel gefertigt.**

a) Berechne das Volumen dieser Kugel.
b) Wie groß ist der Oberflächeninhalt?
c) Mit wie viel Prozent Abfall musst du rechnen?
d) Welche Aussagen über den Abfall kannst du für Kugeln anderer Abmessungen treffen? Begründe bzw. beweise deine Aussagen.

ÜBUNG 22 **Berechne die Masse und den Oberflächeninhalt des im Querschnitt dargestellten Körpers („Tropfen") aus Blei ($\rho = 11{,}4\,\frac{\text{g}}{\text{cm}^3}$).**

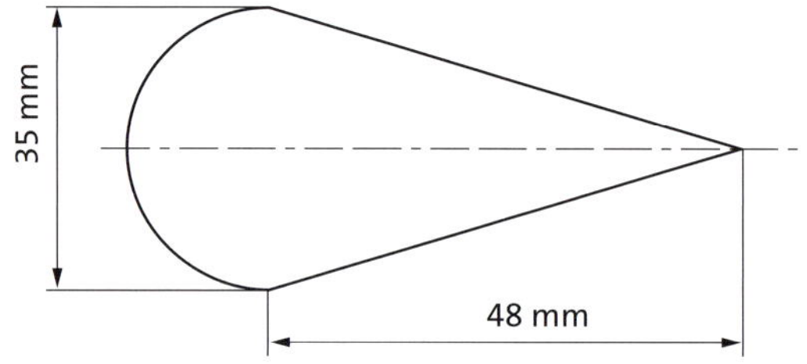

ÜBUNG 23 **Von einer Kugel mit dem Durchmesser von 25 cm wird in 8 cm Abstand vom Mittelpunkt ein Teil durch einen ebenen Schnitt abgetrennt. Berechne das Volumen und den Oberflächeninhalt des Kugelabschnitts.**

ÜBEN

Klassenarbeit 1

45 Minuten

AUFGABE 1 **Die Grundfläche eines Prismas ist ein rechtwinkliges Dreieck, dessen Katheten 12 cm und 15 cm lang sind. Die Höhe des Prismas beträgt 20 cm.**

a) Berechne das Volumen und den Oberflächeninhalt des Prismas.
b) Das Prisma steht auf der Dreiecksfläche. Stelle dieses Prisma im Schrägbild dar. Kennzeichne in der Darstellung die Katheten, die Hypotenuse und den rechten Winkel.

AUFGABE 2 **Ein Kreiszylinder hat einen Durchmesser von 12 cm und ein Volumen von 508,38 cm^3. Wie hoch ist der Zylinder?**

AUFGABE 3 **Bei einer quadratischen Pyramide sind die Grundkante a = 8,1 cm und die Seitenkante s = 12,5 cm bekannt. Berechne Volumen, Mantelflächen- und Oberflächeninhalt.**

AUFGABE 4 **Führe folgende Berechnungen durch.**

a) Berechne Volumen und Oberflächeninhalt einer Kugel mit dem Radius r = 7,6 cm.
b) Die Oberfläche einer Kugel ist 78,54 dm^2 groß. Gib das Volumen der Kugel an.

AUFGABE 5 **Für welche Körper gelten die angegebenen Formeln der Volumenberechnung? Löse die Gleichungen jeweils nach der Größe auf, die in der Klammer hinter der Gleichung steht.**

a) $V = A_G \cdot h$ (h)   b) $V = a \cdot b \cdot c$ (b)   c) $V = \frac{1}{3}\pi \cdot r^2 \cdot h$ (h)

AUFGABE 6 **Berechne jeweils das Volumen und den Oberflächeninhalt des abgebildeten Körpers (Maße in mm). (Hinweis: Unter Oberfläche versteht man die Fläche, die man mit einer Farbschicht überziehen kann.)**

a)

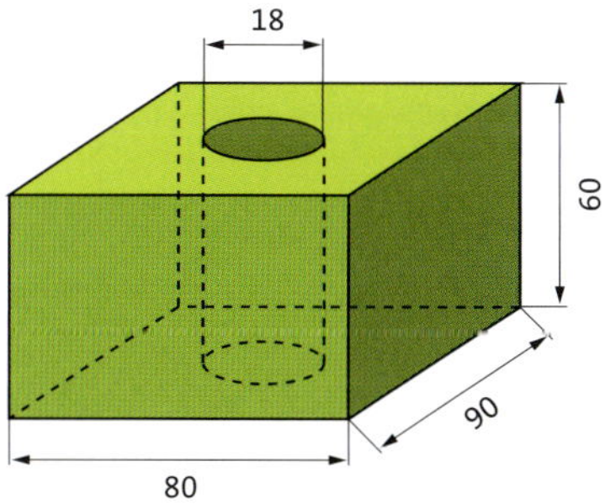

b)

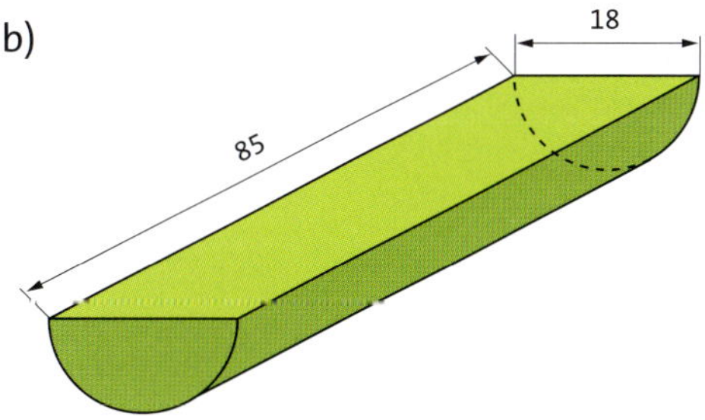

AUFGABE 7 **Ein Holzgefäß hat die Form einer Halbkugel. Die äußere Oberfläche beträgt 3179,25 cm^2, die innere Oberfläche 2769,48 cm^2. Wie dick ist das Holz?**

TESTEN

Klassenarbeit 2

50 Minuten

AUFGABE 8 Vervollständige die Tabelle für einen geraden Kreiszylinder.

	r	h	A_M	A_O	V
a)	5 cm	12 cm			
b)	9 cm				120 cm³
c)		6,5 cm		300 cm²	
d)			282 cm²		424 cm³

AUFGABE 9 Vervollständige die Tabelle für einen Kegel.

	r	h	A_M	V
a)	6 cm	5 cm		
b)	10 cm		700 cm²	
c)		3 cm	50 cm²	

AUFGABE 10 Von einem Quader sind die Raumdiagonale d und die Kantelänge a der quadratischen Seitenflächen bekannt. Drücke das Volumen V durch d und a aus.

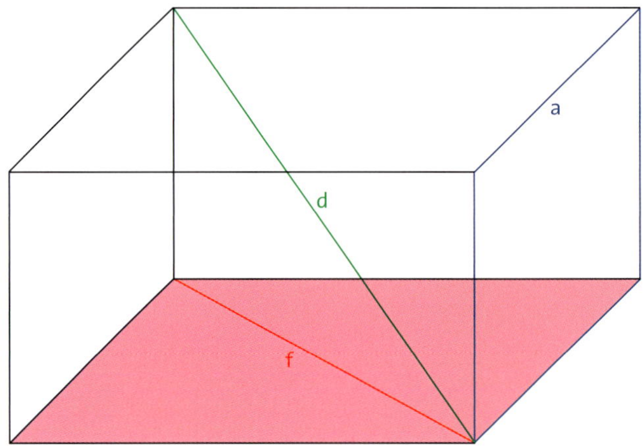

AUFGABE 11 Für eine Stromleitung soll ein 250 m langes Kabel aus Kupfer mit einer besonders witterungsfesten Kunststoffummantelung eine Schlucht überspannen. Die Kupferleitung hat einen Durchmesser von 30 mm, das Kabel hat einen Gesamtdurchmesser von 40 mm. Wie groß ist das Gewicht des Kabelstücks, wenn die Dichte von Kupfer 8,9 g/cm³ und die Dichte der Ummantelung 1,2 g/cm³ beträgt?

AUFGABE 12 Ein Spielkreisel hat die Form eines Kugelausschnitts mit der Gesamthöhe r = 16 cm und der Breite b = 10 cm. Berechne Volumen und Oberfläche.

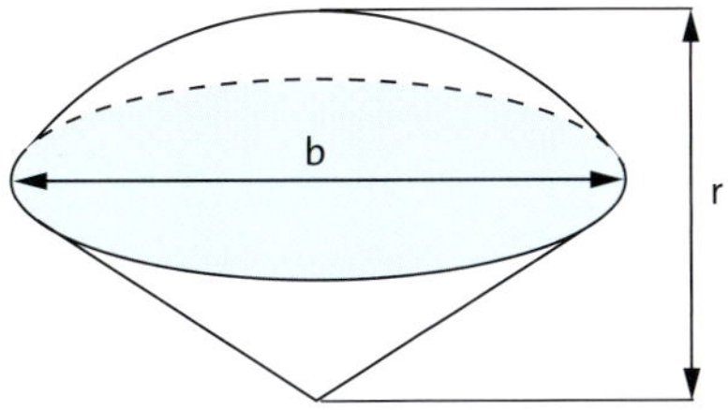

AUFGABE 13 Berechne das Dachvolumen des abgebildeten Walmdachs. Die Höhe h des Daches beträgt 4,5 m, der Dachboden ist a = 12,5 m lang und b = 9 m breit. Der Dachfirst w ist 7 m lang.

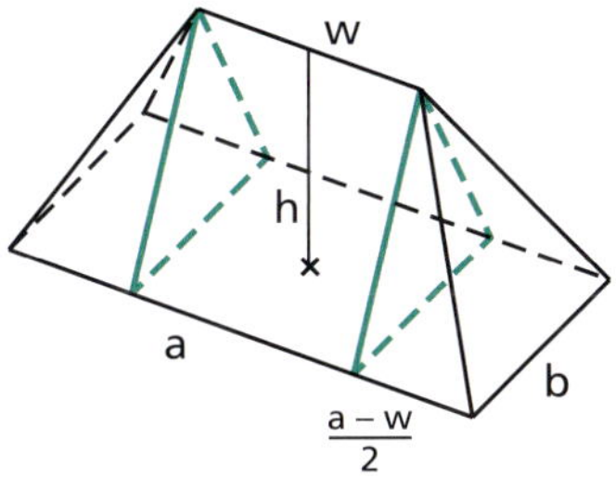

AUFGABE 14 Berechne das Volumen der Pyramide, die in einen Würfel mit der Kantenlänge a einbeschrieben ist.

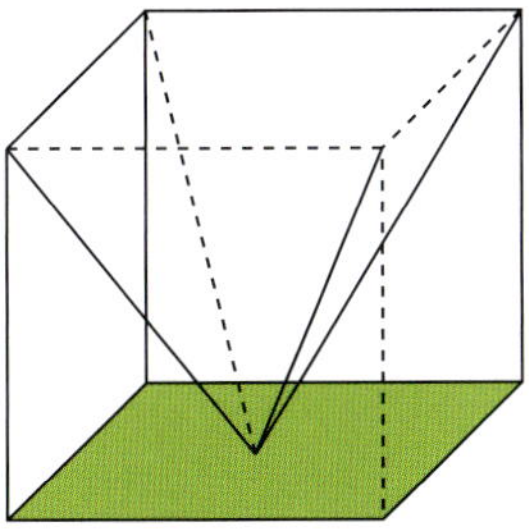

9 Im Beruf: Prozente und Zinsen

Anteile vom Ganzen lassen sich besonders gut durch **Prozentangaben** verdeutlichen. Man bezieht sich immer auf den **Grundwert G,** dieser entspricht 100 %.

1 % von G, d. h., $\frac{1}{100} \cdot G = \frac{G}{100}$

Ein Geschäft hat 400 € eingenommen:
Grundwert G = 400

1 % von 400 €:

$\frac{1}{100} \cdot 400\,€ = \frac{400\,€}{100} = 4\,€$

Der **Prozentwert W** gibt an, um wie viel vom Grundwert es geht.
Der **Prozentsatz p %** gibt an, wie groß der Anteil dieser Zahl am Grundwert ist.
p heißt **Prozentzahl** oder **Prozentpunkt.**

- Berechnung des **Prozentwerts** (1):

$W = G \cdot p\,\% = G \cdot \frac{p}{100}$

- Berechnung des **Prozentsatzes** (2):

$p\,\% = \frac{W}{G}$

- Berechnung des **Grundwerts** (3):

$G = \frac{W}{p\,\%} = \frac{W \cdot 100}{p}$

(1) Von 250 Karten wurden 68 % verkauft:

$G = 250,\ p\,\% = 68\,\% = 0{,}68$
$W = 250 \cdot 68\,\% = 250 \cdot 0{,}68 = 170$

Es wurden 170 Karten verkauft.

(2) Zwei Tage später sind nur noch 40 Karten vorrätig: $G = 250,\ W = 210$

$p\,\% = \frac{210}{250} = 0{,}84 = 84\,\%$

Bisher wurden 84 % der Karten verkauft.

(3) Im letzten Jahr entsprachen 220 Karten genau 80 % der vorrätigen Karten:

$W = 220,\ p\,\% = 80\,\% = 0{,}8$

$G = \frac{220}{80\,\%} = \frac{220}{0{,}8} = 275$

Im letzten Jahr waren 275 Karten vorrätig.

Die **Zinsrechnung** ist eine Anwendung der Prozentrechnung. Es werden lediglich andere Begriffe verwendet:

Prozentrechnung	**Zinsrechnung**
Grundwert G	Kapital K
Prozentsatz p %	Zinssatz p %
Prozentwert W	Jahreszinsen Z

Claudia möchte 700 € auf ihrem Sparbuch für ein Jahr anlegen. Der Zinssatz beträgt 3 % pro Jahr (p. a.).

$K = 700\,€;\ p\,\% = 3\,\%$
$Z = 700\,€ \cdot 3\,\% = 700\,€ \cdot 0{,}03 = 21{,}00$

Claudia erhält nach einem Jahr 21,00 € Zinsen.

Tageszinsen: $Z_t = K \cdot p\,\% \cdot \frac{t}{360}$

Banken rechnen für jeden Monat 30 Tage und für jedes Kalenderjahr 360 Tage.

480 € werden bei einem Zinssatz von 1,5 % für 112 Tage verzinst.

$Z_{112} = 480\,€ \cdot 1{,}5\,\% \cdot \frac{112}{360} = 2{,}24\,€$

Der Zinsertrag beträgt 2,24 €.

WISSEN

ÜBUNG 1 **Fülle die Tabelle aus.**

gekürzter Bruch	$\frac{1}{10}$	$\frac{1}{5}$		$\frac{1}{3}$		$\frac{3}{4}$
Bruch mit Nenner 100					$\frac{50}{100}$	
Prozentangabe			25 %			
Dezimalbruch		0,2				

ÜBUNG 2 **Berechne mithilfe der Formeln zur Prozentrechnung.**
Ein Handwerker stellt eine Rechnung über 3726 € aus. Hinzu kommen 19 % Mehrwertsteuer. Wie viel Steuern fallen an?

ÜBUNG 3 **Fülle die rechte Seite entsprechend für die Zinsrechnung aus.**

a) Berechnung: Prozentwert

$W = G \cdot p\,\% = G \cdot \frac{p}{100}$

Berechnung:

b) Berechnung: Prozentsatz

$p\,\% = \frac{W}{G}$

Berechnung:

c) Berechnung: Grundwert

$G = \frac{W}{p\,\%} = \frac{W \cdot 100}{p}$

Berechnung:

ÜBUNG 4 **Berechne fehlende Angaben mithilfe der Formeln aus Übung 3.**

	a)	b)	c)	d)
Kapital	3200 €	13 950 €		1270 €
Zinsen	112 €		350 €	
Zinssatz		3,2 %	4,2 %	1,5 %
Laufzeit	1 Jahr	20 Tage	1 Jahr	3 Monate

ÜBUNG 5 **Ein Konto A mit 3,7 % Verzinsung bringt nach einem Jahr 26,64 € Zinsen. Ein Konto B, das mit 4 % verzinst wird, bringt nach einem Jahr 28,72 €. Auf welchem Konto befand sich am Anfang des Jahres der höhere Geldbetrag?**

ÜBUNG 6 **Berechne für 360 € und p % = 2,5 % die Zinsen, die man für den angegebenen Zeitraum erhält. Denke daran, dass Geldinstitute immer mit 30 Tagen pro Monat rechnen!**

a) Zeitraum 01.06.2008–20.8.2008
b) Zeitraum 04.03.2008–31.10.2008
c) Zeitraum 24.12.2008–04.05.2009

WISSEN

Zinseszinsen
Man kann sein Kapital für mehrere Jahre bei einem Geldinstitut anlegen. In diesem Fall werden die jährlichen Zinsen nicht ausgezahlt, sondern zum Kapital addiert und im folgenden Jahr mit verzinst: Man erhält **Zinseszinsen.**

Das Endkapital K_n lässt sich direkt aus dem Anfangskapital K_0, dem Zinssatz p % und der Anzahl n der Jahre berechnen:

$K_n = K_0 \cdot \left(1 + \frac{p}{100}\right)^n$;

der Faktor $q = 1 + \frac{p}{100}$ heißt Zinsfaktor.

Man kann also schreiben:

$K_n = K_0 \cdot q^n$.

Simone will $K_0 = 1500$ € für n = 2 Jahre zu 3,0 % p. a. anlegen. Man kann das Kapital K_2 für das 2. Jahr schrittweise berechnen:

Zinsen $Z = 1500 € \cdot 3\% = 45 €$
Kapital$_1$ $K_1 = 1500 € + 45 € = 1545 €$
Zinsen $Z = 1545 € \cdot 3\% = 46{,}35 €$
Kapital$_2$ $K_2 = 1591{,}35 €$

Man kann das Kapital für jedes Jahr auch schrittweise mit dem Zinsfaktor berechnen: q = 1,03
$K_1 = 1500 € \cdot 1{,}03 = 1545 €$
$K_2 = 1545 € \cdot 1{,}03 = 1591{,}35 €$

Der kürzeste Weg ergibt sich durch Einsetzen in die Zinseszinsformel:
$K_2 = 1500 \cdot 1{,}03^2 = 1591{,}35 €$

ÜBUNG 7 **Berechne mithilfe des Taschenrechners und notiere deine Ergebnisse.**

	K_0	p %	n	q	K_n
a)	4700	4 %	5		
b)	12 000	5,2 %	7		
c)	3550	3,75 %	6		

ÜBUNG 8 **Berechne das Kapital nach 5 Jahren, wenn in dieser Zeit 3800 € mit Zinseszinsen bei einem Zinssatz von 2,78 % p. a. angelegt werden.**

ÜBEN

Klassenarbeit 1

45 Minuten

AUFGABE 1 **Berechne die fehlenden Angaben und trage sie in die Tabelle ein. Runde gegebenenfalls auf die zweite Nachkommastelle.**

	a)	b)	c)	d)
Grundwert	1250,00 €		4800,00 m	17 000 €
Prozentwert		5000 m²	224,35 m	
Prozentsatz	7,5 %	0,25 %		12,73 %

AUFGABE 2 **Das statistische Bundesamt hat zum Thema „Einwohner und Erwerbsbeteiligungen" die folgende Statistik veröffentlicht.**

a) Gib den Anteil der Erwerbspersonen bezogen auf die Einwohnerzahl an.
b) Wie groß ist der Anteil der Arbeitnehmer bzw. der Selbstständigen unter den Erwerbstätigen?
c) Wie viel Prozent der Bevölkerung sind nicht erwerbstätig?

Einwohner und Erwerbsbeteiligung (Angaben in 1000)	
Einwohner	82 464
Erwerbspersonen	42 565
Erwerbslose	3893
Erwerbstätige	38 672
Arbeitnehmer	34 317
Selbständige	4355

Quelle: Statistisches Bundesamt

AUFGABE 3 **Eine Fotografie wird von 9 cm × 12 cm auf 30 cm × 40 cm vergrößert.**

a) Wie viel Prozent der neuen Fotogröße beträgt die alte Fotogröße ?
b) Um wie viel Prozent wurde die ursprüngliche Fotografie vergrößert?

AUFGABE 4 **Vergleiche Modell I und Modell II zur Geldanlage für einen Zeitraum von 3 Jahren und ein Anfangskapital von 2000 €.**

Modell I: Zinssatz 4,28 % p.a. fest in jedem Jahr.
Modell II: Zinssatz im ersten Jahr 3,75 %, im zweiten Jahr 4,25 %, im dritten Jahr 4,4 %.

AUFGABE 5 **Wie viel Jahre muss ein Kapital von 500 € angelegt werden, damit es sich bei einem Zinssatz von 4,5 % mit Zinseszinsen verdoppelt? Was passiert bei einem Anfangskapital von 2000 €, wenn sich die anderen Bedingungen nicht ändern?**

Klassenarbeit 2

45 Minuten

AUFGABE 6 **Wandle die folgenden Brüche oder Dezimalbrüche in Prozentsätze um.**

a) 0,9 =

b) 0,03 =

c) $\frac{6}{25}$ =

d) 2,75 =

AUFGABE 7 **Veranschauliche Prozentanteile durch Kreissektoren.**

a) Errechne mithilfe des Dreisatzes den zugehörigen Mittelpunktswinkel für 35 %.

100 % ≙ ___ → ___ ≙ ___ → ___ ≙ ___

b) Mit welchem Faktor kannst du aufgrund deines Ergebnisses aus Teilaufgabe a) Prozentangaben schnell in Winkelgrößen umrechnen?

c) Notiere die zugehörige Zuordnung.

d) Um welche Art von Zuordnung handelt es sich hier und wie wird der Umrechnungsfaktor in dieser Zuordnung genannt?

e) Zeichne ein Kreisdiagramm für 15 %, 22 %, 25 % und 38 %.

AUFGABE 8 **In zwei verschiedenen Banken gibt es folgende Anlageangebote. Du möchtest 2000 € anlegen. Welches Angebot wählst du?**

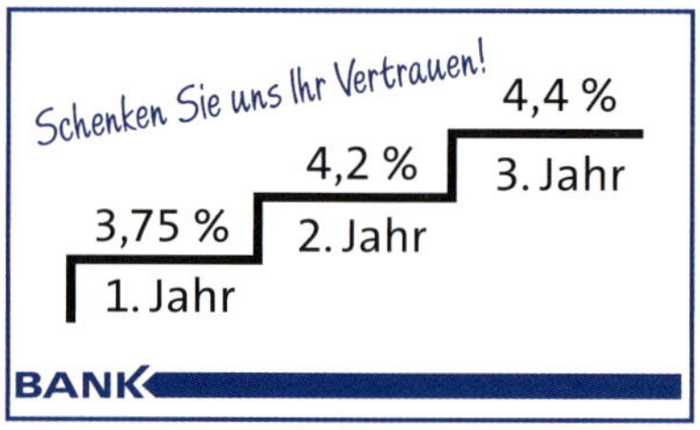

AUFGABE 9 **Ein Kleid kostet 150 €. Es wird zunächst im Preis 10 % heraufgesetzt. Da es keinen Käufer findet, wird es nach einer Weile wieder um 10 % im Preis reduziert. Was kostet es jetzt?**

AUFGABE 10 **Wie lang müssten 2000 € bei einem Zinssatz von 3,2 % angelegt werden, bis sich das Kapital verdreifacht hat?**

Klassenarbeit 3

40 Minuten

AUFGABE 11 **Schreibe die folgenden Prozentsätze als Dezimalbruch.**

a) 25 % = ____ b) 175 % = ____ c) 0,5 % = ____ d) 5 % = ____

AUFGABE 12 **Berechne das Endkapital nach 4 Jahren bei einer Verzinsung mit 2,8 %. Fülle hierzu die Tabelle aus. Nutze den Zinsfaktor, um schnell arbeiten zu können.**

	Einzahlung	Kapital	Kapital mit Zinsen
1. Jahr	600 €		
2. Jahr	600 €		
3. Jahr	600 €		
4. Jahr	600 €		

AUFGABE 13 **Gesucht ist ...**

a) Tageszinsen: 18 000 € werden für 155 Tage zu 2,6 % ausgeliehen.
b) Monatszinsen: 30 000 € werden für 5 Monate zu 3,4 % ausgeliehen.
c) Zinssatz: Herr Wilke benötigt für 3 Monate ein Darlehen in Höhe von 12 500 €. Er kann dafür nur 250 € an Zinsen aufbringen.
d) Laufzeit: Frau Delta verfügt über 18 000 €. Ihr werden 5 % Zinsen angeboten, sie möchte unbedingt 600 € an Zinsen erzielen.
e) Kapital: Herr Klein hat eine größere Summe gespart. Er kann sie für 225 Tage zu einem Zinssatz von 4 % anlegen, möchte aber 500 € Zinsen erhalten.

AUFGABE 14 **Rabatt und Skonto sind Preisnachlässe. Ein Rabatt wird sofort vom Preis abgezogen, Skonto wird einem Kunden in der Regel nur bei vorzeitiger Zahlung einer Rechnung gutgeschrieben.**

a) Eine Rechnung über 850,57 € enthält den Vermerk: Bei Barzahlung innerhalb von 10 Tagen 3 % Skonto. Wie viel muss der Kunde bei sofortiger Rechnungsbegleichung demnach bezahlen?
b) Auf einen Nettorechnungsbetrag von 2000 € werden 19 % Mehrwertsteuer berechnet und 3 % Rabatt gegeben. Sollte man erst die Mehrwertsteuer aufschlagen und dann den Rabatt berechnen oder erst den Rabatt abziehen und die Mehrwertsteuer auf den reduzierten Betrag berechnen lassen?

Beschreibende Statistik

10.1 Kenngrößen

Zur Auswertung von aus Zahlen bestehenden Datenlisten benötigt man u. a. die folgenden aussagekräftigen Kenngrößen:

Der **Modalwert** ist der Datenwert der Datenliste, welcher am häufigsten vorkommt.

Merke: Zu einer Datenliste kann es mehrere Modalwerte geben.

Der **arithmetische Mittelwert** (Durchschnitt) der Datenliste ist definiert als

$$\overline{x} = \frac{\text{Summe aller Werte der Liste}}{\text{Anzahl der Werte}}.$$

Der arithmetische Mittelwert wird meist mit Buchstaben wie μ oder $\overline{x}$ bezeichnet.

Die Gesamtanzahl **n** der Werte wird auch **Umfang der Datenliste** genannt.

Der kleinste Datenwert der Liste wird **Minimum** (kurz: min) genannt. Der größte Datenwert wird **Maximum** (kurz: max) genannt.

Datenliste 1	**Datenliste 2**
12; 14; 10; 3; 9; 6; 15; 9; 10; 9	12; 7; 3; 9; 7; 5; 11; 8; 4; 11; 11; 4; 7
Modalwert: 9	Modalwerte: 7, 11

$$\overline{x}_1 = \frac{12+14+10+3+9+6+15+9+10+9}{10} = 9{,}7$$

$$\overline{x}_2 = \frac{12+7+3+9+7+5+11+8+4+11+11+4+7}{13} \approx 7{,}6$$

$\overline{x}_1 = 9{,}7$	$\overline{x}_2 \approx 7{,}6$

n = Anzahl der Werte

n = 10	n = 13
min = 3	min = 3
max = 15	max = 12

Ordnet man alle Ergebnisse der Datenliste ihrer Größe nach, so wird der Datenwert, der genau in der Mitte (im Zentrum) steht, als **Zentralwert (Median)** (kurz: z) bezeichnet. Unterhalb und oberhalb vom Zentralwert befinden sich also gleich viele Datenwerte. Die Mitte der Daten kannst du beispielsweise durch Abzählen der Daten finden.

Beachte: Stehen zwei Werte in der Mitte – dies ist bei einer geraden Anzahl von Datenwerten der Fall –, ist der arithmetische Mittelwert dieser beiden Datenwerte der Zentralwert.

Sortierte Datenliste 1	**Sortierte Datenliste 2**
3	3
6	4
9	4
9	5
9	7
10	7
10	7
12	8
14	9
15	11
	11
	11
	12

Datenliste 1: $z = \frac{9+10}{2} = 9{,}5$

Datenliste 2: $z = 7$

Zur **unteren Hälfte** gehören alle Werte, die **unterhalb** des des Zentralwertes liegen.

Zur **oberen Hälfte** gehören alle Werte, die **oberhalb** des des Zentralwertes liegen.

Der Zentralwert gehört weder zur unteren noch zur oberen Hälfte.

ÜBUNG 1 **Gegeben ist folgende Datenreihe:**

1,8; 1,7; 1,0; 1,4; 2,1; 2,5; 2,4; 2,4; 0,9; 2,5; 1,4; 2,5; 1,0; 1,1; 2,5; 2,9; 1,4; 3,0

a) Sortiere die Daten der Größe nach. Beginne mit dem Minimum.

b) Gib den Umfang n und den Modalwert der Datenliste an.

n = Modalwert:

c) Berechne das arithmetische Mittel:

d) Gib den Zentralwert, das Minimum und das Maximum an:

z = ; min = ; max =

ÜBUNG 2 **Gib für die unten stehende Datenreihe Minimum, Maximum, Modalwert, arithmetisches Mittel und Zentralwert an. Notiere dafür zuerst die sortierte Liste. Schreibe in dein Übungsheft.**

0,6; 0,5; 1,0; 0,9; 1,0; 0,7; 0,8; 0,5; 0,9; 0,8; 0,7; 0,7; 1,1; 1,1; 0,5; 0,5; 1,0; 1,0

WISSEN +

Bilden von Klassen
Wenn eine Datenliste zu umfangreich bzw. zu unübersichtlich ist, fasst man mehrere nebeneinander liegende Werte zu einer **Klasse** zusammen.

5; 8; 14; 15; 17; 21; 22; 44; 45; 46; 46; 54; 55; 56; 63; 65; 75; 82; 84; 85; 87; 82; 85

Klasse	0–20	21–40	41–60	61–80	81–100
Anzahl	5	2	7	3	6

ÜBUNG 3 **Im Handel werden Eier in vier verschiedenen Größen angeboten. Gewichtsklasse S: klein, unter 53 g; Gewichtsklasse M: mittel, 53 g bis unter 63 g; Gewichtsklasse L: groß, 63 g bis unter 73 g, und Gewichtsklasse XL: sehr groß, 73 g und darüber. Stephan hat die Eier seiner Hühner auf das Gramm genau ausgewogen, hier siehst du die Werte:**

68; 65; 54; 60; 72; 63; 74; 57; 52; 54;
52; 73; 55; 65; 66; 57; 52; 71; 71; 75;
73; 61; 65; 70; 69

Erstelle eine Übersicht über die Anzahl der Eier in den unterschiedlichen Gewichtsklassen.

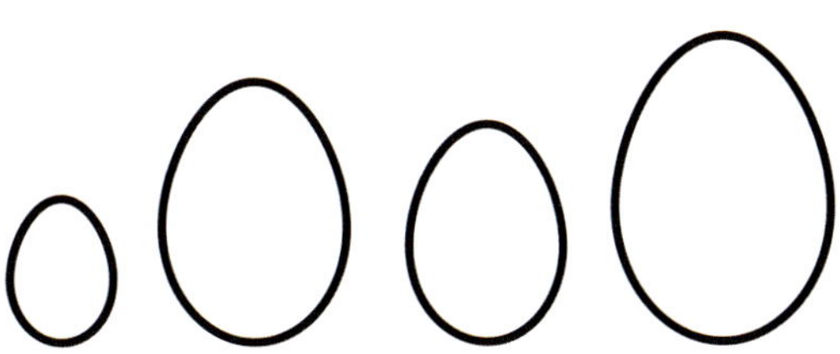

ÜBUNG 4 **Bei einer Klassenarbeit wurden 6 Aufgaben gestellt und maximal 36 Punkte vergeben. Folgende Punktzahlen wurden erreicht:**

29	36	10	32	10	30	19	36	22	35	31	31	17	10
13	17	33	12	20	28	34	20	12	29	25	12	11	

Fülle den Notenspiegel aus und berechne den Notendurchschnitt:

Punkte	33–36	28–32	22–27	16–21	10–15	0–9
Note	1	2	3	4	5	6
Anzahl der Schüler und Schülerinnen	𝍸	I			I	
	5					

Berechnung des Notendurchschnitts:

Umfang der Datenliste: n = ____ ; $\bar{x} = \frac{5 \cdot 1 + \_\_ \cdot 2 + \_\_ \cdot 3 + \_\_ \cdot 4 + \_\_ \cdot 5 + \_\_ \cdot 6}{\_\_\_\_}$

ÜBUNG 5 **Die Tabelle gibt die Taschengeldverteilung in einer Schülergruppe an.**

Taschengeld in €	18	20	22	25	32	75
Anzahl der Schüler	2	4	3	2	1	1

a) Wie viel Taschengeld bekommen die Schülerinnen und Schüler durchschnittlich?

b) Du kennst einen weiteren Mittelwert: den Zentralwert. Vergleiche beide Mittelwerte (Zentralwert und arithmetisches Mittel). Welche Angabe wäre hier sinnvoller? Begründe deine Antwort.

ÜBUNG 6 **Die Französischlehrerin Frau Franz notiert an verschiedenen Tagen die Zeiten (in Minuten), die sie für ihren Weg zur Schule benötigt:**

20; 25; 18; 25; 23; 27; 18; 17; 24; 25; 17; 27; 23; 19; 17; 23; 22

a) Wie viel Zeit benötigt sie durchschnittlich für diese Strecke? Berechne dazu den Zentralwert und das arithmetische Mittel. Vergleiche anschließend beide Werte.

b) Frau Franz wird von ihren Schülerinnen gefragt, wie lange sie für die Fahrt zur Schule braucht. Was soll sie antworten?

ÜBUNG 7 **Wie wirken sich statistische „Ausreißer“ auf Zentralwert und arithmetisches Mittel aus? Welche der beiden Kenngrößen reagiert stärker auf „Ausreißer“?**

10.2 Streuungsmaße und Quartile

Streuungsmaße geben an, wie gut oder wie schlecht eine Verteilung durch den Mittelwert oder den Zentralwert repräsentiert werden kann.

Der Mittelwert repräsentiert die Verteilung gut, wenn alle Messwerte eng um den Mittelwert liegen. Streuen die Messwerte weit, so repräsentiert er die Verteilung schlecht.

Die **Spannweite** ist das einfachste Streuungsmaß. Sie gibt an, in welchem Bereich die Messwerte liegen. Sie ist der Wert der Differenz aus dem größten (max) und kleinsten Wert (min) der Verteilung.

3; 5; 5; 5; 6; 6; 6; 9; 9; 10; 12; 13; 14; 20

max = 20, min = 3 } Spannweite = 20 − 3 = 17

Oberes und unteres Quartil bestimmen:

1. Methode: Das **untere Quartil q_u** entspricht dem Zentralwert (↑ Kap 10.1) der unteren Hälfte der Datenliste und das **obere Quartil q_o** entspricht dem Zentralwert der oberen Hälfte.

2. Methode: Häufig werden die Quartile folgendermaßen bestimmt (n sei der Umfang der der Größe nach aufsteigend sortierten Datenliste):
Unteres Quartil (q_u):
Bilde das Produkt k = 0,25 · n.
Ist das Produkt k ganzzahlig, lies die Datenwerte, die am k-ten und am k + 1-ten Rangplatz stehen, ab. Bilde das arithmetische Mittel dieser beiden Datenwerte.
Ist das Produkt k nicht ganzzahlig, so entspricht die nächstgrößere ganze Zahl dem Rangplatz. Lies den zugehörigen Datenwert ab.
Zentralwert (z) und oberes Quartil (q_o) lassen sich anlog berechnen. Du musst jedoch n mit 0,5 für den Zentralwert der gesamten Datenliste und mit 0,75 für das obere Quartil multiplizieren.

Beachte: Die beiden Methoden können leicht abweichende Quartile liefern.

n = 14

Rangplatz	Anzahl der Datenwerte	Datenwerte
1.	↑	3
2.	3	5
3.	↓	5
4.		[5]
5.	↑	6
6.	3	6
7.	↓	6
8.	↑	9
9.	3	9
10.	↓	10
11.		[12]
12.	↑	13
13.	3	14
14.	↓	20

1. Methode
Unteres Quartil:
Zentralwert der unteren Hälfte

2. Methode
$k_u = 0{,}25 \cdot 14 = \boxed{3{,}5}$
$q_u = x_{\boxed{4}} = 5$

Zentralwert:
$0{,}5 \cdot 14 = 7$
$z = (x_7 + x_8) : 2 = 7{,}5$

1. Methode
Oberes Quartil:
Zentralwert der oberen Hälfte

2. Methode
$k_o = 0{,}75 \cdot 14 = \boxed{10{,}5}$
$q_o = x_{\boxed{11}} = 12$

Der **Quartilabstand (d_Q)** ist ein weiteres Streuungsmaß.

Quartilabstand:
$d_Q = q_o - q_u = 12 - 5 = 7$

ÜBUNG 8 **Zehn Lehrerinnen der Ellen-Key-Schule wurden nach der durchschnittlichen Fahrtdauer für ihren Schulweg befragt. Die Ergebnisse (in Minuten):**

30; 25; 20; 25; 15; 20; 55; 20; 5; 60

Gib das Minimum, das Maximum, die Spannweite, den Zentralwert, das untere Quartil und das obere Quartil an. (Hier sind beide Methoden angegeben.)

n = 10; min = ______ ; max = ______ ; Spannweite = ______

Zentralwert:
$0{,}5 \cdot 10 = 5$
$z = (x_5 + x_6) : 2 = 22{,}5$

	untere Hälfte					obere Hälfte				
Rangnummer	1	2	3	4	5	6	7	8	9	10
Anzahl der Datenwerte	← 2 →			← 2 →		← 2 →			← 2 →	
Sortierte Liste	5	15	20	20	20	25	25	30	55	60

Unteres Quartil:
Zentralwert der unteren Hälfte
$0{,}25 \cdot 10 =$ ______
$q_u = x_3 =$ ______

Oberes Quartil:
Zentralwert der oberen Hälfte
$0{,}75 \cdot 10 = 7{,}5$
$q_o = x_8 =$ ______

WISSEN

Weitere Streuungsmaße
Weitere gebräuchliche Maße für die Streuung sind die **mittlere Abweichung**, die **Varianz** und die **Standardabweichung.** Hier werden alle Werte der Datenliste einzeln berücksichtigt, indem ihre jeweiligen Abweichungen vom Mittelwert in die Berechnung einbezogen werden.

- Die **mittlere Abweichung a** vom Mittelwert ist die Summe der Beträge aller Differenzen zwischen den einzelnen Ergebnissen und dem Mittelwert, dividiert durch die Anzahl der Datenwerte.
- Die **Varianz σ^2** ist die Summe aller Abweichungsquadrate dividiert durch die Anzahl der Werte.
- Die **Standardabweichung σ** ist die Wurzel aus der Varianz.

Alter der Mathematiklehrerinnen der Ellen-Key-Schule:

i	x_i	$\lvert x_i - \bar{x} \rvert$	$\lvert x_i - \bar{x} \rvert^2$
1	28	16	256
2	30	14	196
3	40	4	16
4	44	0	0
5	46	2	4
6	50	6	36
7	56	12	144
8	58	14	196
Summe	352	68	848
	$\bar{x} = 352 : 8$	$a = 68 : 8$	$\sigma^2 = 848 : 8$
	$\bar{x} = 44$	$a = 8{,}5$	$\sigma^2 = 106$

Standardabweichung:
$\sigma = \sqrt{\sigma^2} = \sqrt{106} \approx 10{,}3$

ÜBUNG 9 **Die Klasse 9b geht kegeln. Es werden zwei Gruppen gebildet. Jeder Schüler und jede Schülerin wirft jeweils 10 Kugeln „in die Vollen“ (9 Kegel). Die Ergebnisse:**

Schüler Nr.	1	2	3	4	5	6	7	8
Gruppe 1	22	23	30	31	68	75	78	80
Gruppe 2	40	45	49	50	56	58	60	63

Berechne jeweils für beide Gruppen …

a) das arithmetische Mittel:

b) die Spannweite:

c) die mittlere Abweichung:

d) die Varianz:

e) die Standardabweichung:

Diese Tabelle kann dir dabei helfen:

	Gruppe 1			**Gruppe 2**		
i	x_i	$\lvert x_i - \overline{x} \rvert$	$\lvert x_i - \overline{x} \rvert^2$	x_i	$\lvert x_i - \overline{x} \rvert$	$\lvert x_i - \overline{x} \rvert^2$
1	22			40		
2	23			45		
3	30			49		
4	31			50		
5	68			56		
6	75			58		
7	78			60		
8	80			63		
Summe						
	$\overline{x} = \square : 8$ $\overline{x} = \square$	$a = \square : 8$ $a = \square$	$\sigma^2 = \square : 8$ $\sigma^2 = \square$ $\sigma = \sqrt{\quad}$ $\sigma \approx \square$	$\overline{x} = \square : 8$ $\overline{x} = \square$	$a = \square : 8$ $a = \square$	$\sigma^2 = \square : 8$ $\sigma^2 = \square$ $\sigma = \sqrt{\quad}$ $\sigma \approx \square$

10.3 Grafische Darstellungen

Häufigkeitsverteilungen können mithilfe von Streckendiagrammen, Histogrammen Streifendiagrammen, Kreisdiagrammen oder Boxplots dargestellt werden.

Körpergröße in cm von 19 Personen:
174; 169; 168; 171; 173; 174; 174; 165; 171; 174; 171; 175; 166; 172; 168; 174; 170; 166; 173

Mithilfe eines **Säulendiagramms** kann man Häufigkeitsverteilungen, die nicht in Klassen eingeteilt sind, veranschaulichen: die Höhen der Säulen entsprechen den Häufigkeiten.

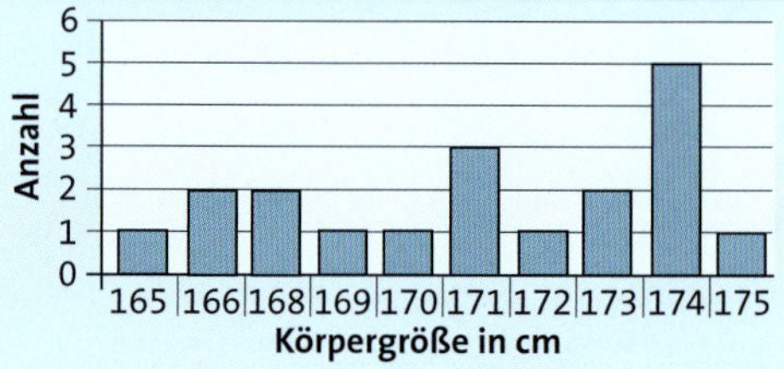

Häufigkeitsverteilungen mit Klasseneinteilungen lassen sich mit Hilfe von **Histogrammen** veranschaulichen. Über den gebildeten Klassen stehen senkrechte Säulen, deren Höhe (oder Fläche) durch die relative Häufigkeit der jeweiligen Klassen bestimmt ist.

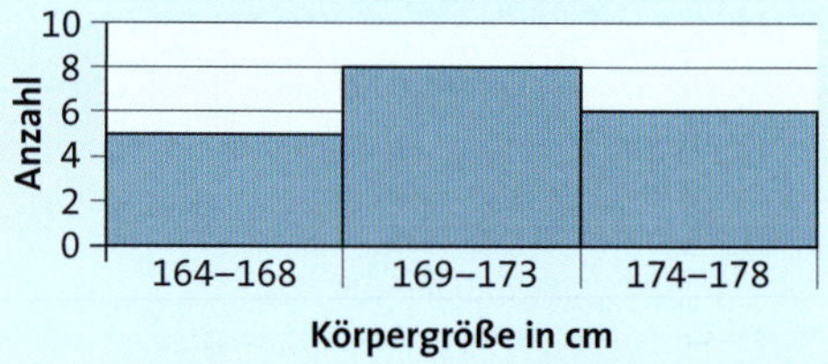

Streifendiagramme eignen sich zur Darstellung von Größenverhältnissen und Anteilen. Der gesamte Streifen veranschaulicht 100 %.

Kreisdiagramme eignen sich ebenfalls zur Darstellung von Größenverhältnissen und Anteilen:
100 % ≙ 360° bzw.
1 % ≙ 3,6° im Kreisdiagramm.

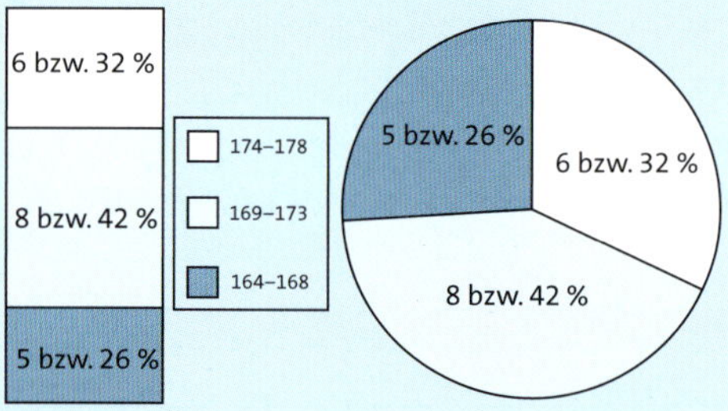

Ein **Boxplot** (Kastenschaubild) ist ein Diagramm, das von einer Datenliste lediglich das Minimum, das Maximum, den Zentralwert, das untere und das obere Quartil zeigt.

Auf einem Zahlenstrahl werden **Minimum, Maximum, Zentralwert, oberes** und **unteres Quartil** durch einen senkrechten Strich eingezeichnet. Anschließend wird ein Rechteck – eine Box – gezeichnet, dessen bzw. deren Breite durch das untere und das obere Quartil bestimmt wird.

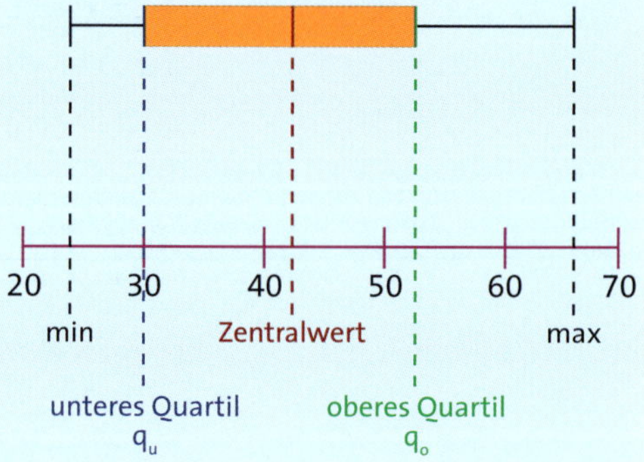

ÜBUNG 10 **Folgende Datenreihe gibt den Intelligenzquotienten der Mädchen der Klasse 9 b wieder:**

90; 110; 88; 119; 98; 99; 113; 92; 105; 98; 118; 100; 102; 90; 90; 115; 122; 103; 107

a) Berechne das arithmetische Mittel, die Standardabweichung und die Varianz.
b) Zeichne ein Säulendiagramm oder ein Histogramm. Begründe deine Wahl.

ÜBUNG 11 **In der Ellen-Key-Schule wurde die Körpergröße von allen Lehrerinnen und Lehrern in Zentimetern gemessen. Es ergaben sich folgende Werte:**

181; 165; 177; 153; 162; 188; 178; 167; 178; 186; 192; 168; 174; 178; 175; 188; 164; 167; 182.

a) Fülle die folgenden Felder aus:

Rangliste:

Umfang der Liste: n =

Minimum: min =

Maximum: max =

unteres Quartil: q_u =

Zentralwert: z =

oberes Quartil: q_o =

b) Zeichne ein Boxplot-Diagramm in drei Schritten:
1. Schritt: Zeichne eine Skala beginnend bei 150 (da 150 *etwas kleiner* als das Minimum ist) und endend bei 200 (da 200 *etwas größer* als das Maximum ist). (Die Skala ist unten bereits vorgegeben.)
2. Schritt: Markiere min, max, q_u, z, und q_o in der Skala.
3. Schritt: Zeichne die Box mit Hilfe von q_u und q_o.

ÜBUNG 12 **Stephan muss fast jeden Tag an derselben Ampel halten. Er schätzt, dass er im Schnitt ca. 3 Minuten dort warten muss. Hier sind die Daten der letzten Tage. Zeichne ein Boxplot-Diagramm und nimm Stellung zu seiner Schätzung.**

2 min 30 s; 0 min 45 s; 1 min 20 s; 2 min 56 s;
1 min 10 s; 1 min 15 s; 3 min 5 s; 0 min 15 s;
2 min 20 s; 0 min 0 s; 1 min 10 s; 2 min 20 s

ÜBUNG 13 **In der Broschüre „Entwicklung des Alkoholkonsums bei Jugendlichen", herausgegeben von der Bundeszentrale für gesundheitliche Aufklärung, ist folgende Information über den regelmäßigen Alkoholkonsum zu finden:**

> Der Anteil 12- bis 17-jähriger Jugendlicher, die regelmäßig mindestens einmal pro Woche wenigstens eine alkoholische Getränkeart konsumieren, sank leicht von 20 % im Jahr 2004 auf 18 % im Jahr 2005 (bei den weiblichen Jugendlichen von 16 % auf 14 % und bei den männlichen Jugendlichen von 26 % auf 23 %). Der Anteil derjenigen, die innerhalb des letzten Jahres keinen Alkohol konsumierten, stieg signifikant von 24 % im Jahr 2004 auf 30 % im Jahr 2005 (bei weiblichen Jugendlichen von 24 % auf 29 % und bei männlichen Jugendlichen von 25 % auf 32 %).

a) Was heißt „signifikant"?

b) Benjamin fertigt folgendes Streifendiagramm an. Welchen Sachverhalt gibt es wieder?

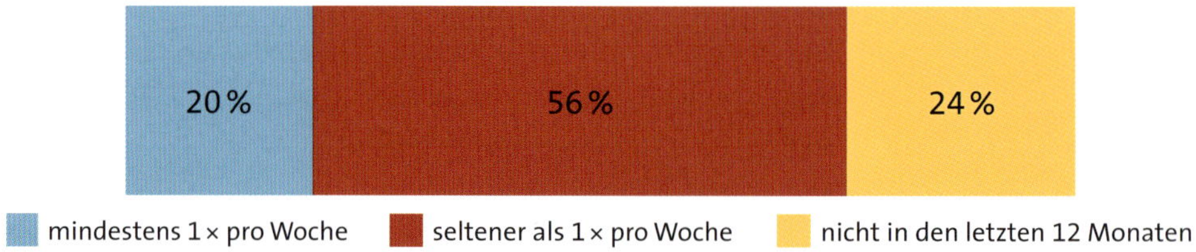

c) Fertige analog ein Streifendiagramm für 2005 an.

d) Vergleiche beide Diagramme, was fällt dir auf?

e) Fertige für 2005 getrennte Diagramme für Jungen und Mädchen an. Vergleiche beide miteinander.

ÜBUNG 14 **Felix und Toni sind in Parallelklassen. Beide hatten eine 2 in der letzten Mathematikarbeit. Der Klassendurchschnitt lag in beiden Klassen bei 3,0. Die mittlere Abweichung a hingegen betrug in Felix' Klasse 2,0 und in Tonis Klasse 0,88. In welcher Klasse gab es wohl mehr Einsen? Begründe deine Antwort.**

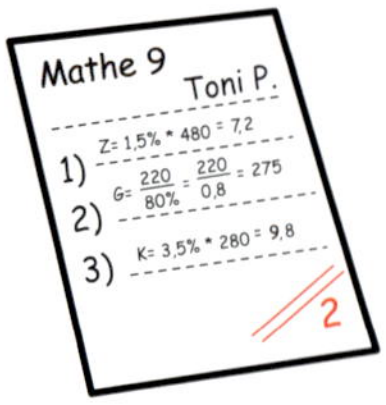

ÜBEN

Klassenarbeit 1

90 Minuten

AUFGABE 1 **Die Tabelle gibt den Notenspiegel der letzten Mathematikarbeit wieder.**

Note	1	2	3	4	5	6
Anzahl der Schülerinnen u. Schüler	3	4	4	6	2	0

a) Berechne den Notendurchschnitt.
b) Zeichne ein Boxplot-Diagramm.
c) Zeichne ein Streifendiagramm.

AUFGABE 2 **Die Lehrerinnen und Lehrer der Ellen-Key-Schule haben folgende Schuhgrößen:**

38; 42; 45; 36; 37; 39; 44; 42; 41; 38; 40; 38; 43; 42; 37; 38; 40; 42; 38; 44

a) Bestimme das arithmetische Mittel und den Zentralwert.
b) Bestimme Spannweite, Varianz und Standardabweichung.
c) Zeichne ein Boxplot-Diagramm.
d) Zeichne ein Säulendiagramm.

AUFGABE 3 **Eine durchgeführte Umfrage der Klasse 9 a ergab für die Höhe des monatlichen Taschengeldes folgende Liste (in Euro):**

30; 40; 20; 40; 25; 40; 30; 45; 40; 40; 25; 40; 40; 40; 20; 35; 35; 30; 15; 40; 25; 40; 40; 25; 35; 40; 20

Zeichne basierend auf einer Klasseneinteilung ein Histogramm und ein Streifendiagramm.

AUFGABE 4 **Die Einkommensverteilung (in Euro) in drei verschiedenen Ländern L1, L2 und L3 soll vereinfacht anhand der Verteilung von sieben verschiedenen Einkommen x_1 bis x_7 aus dem jeweiligen Land untersucht werden.**

a) Untersuche die Einkommensverteilung mithilfe von arithmetischem Mittelwert und Zentralwert der Einkommen.
b) Welche Besonderheiten der Einkommensverteilungen lassen sich feststellen?
c) Wie beurteilst du die Aussagekraft von Mittelwert und Zentralwert?
d) Wie ändert sich die Verteilung, wenn das größte Einkommen in jedem Land gestrichen wird?

	x_1	x_2	x_3	x_4	x_5	x_6	x_7
L1	1200	1700	2100	900	1300	1500	1800
L2	80	90	100	110	5500	4500	120
L3	1250	5300	1500	1000	400	800	250

AUFGABE 5 **Zeichne für Land 1 und Land 2 aus Aufgabe 4 jeweils arithmetischen Mittelwert $\overline{x}$ und Zentralwert z in die beiden Säulendiagramme zur Einkommensverteilung ein.**

Land 1

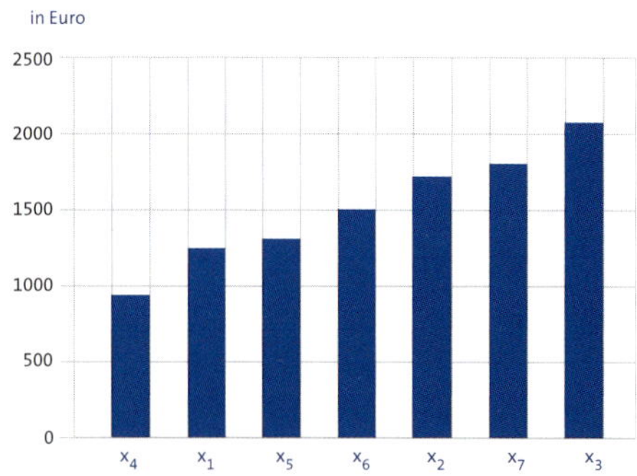

Land 2

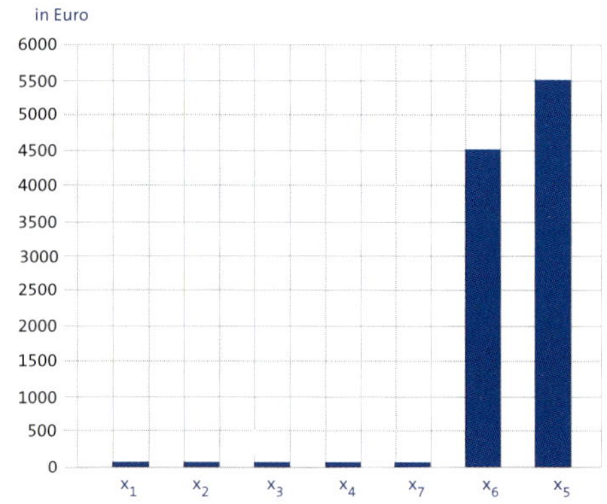

AUFGABE 6 **Untersuche die Streuung der Einkommen aus Aufgabe 4.**

a) Bestimme jeweils die mittlere Abweichung, die Varianz und die Standardabweichung.

b) Wie passen die mathematischen Aussagen, die man mithilfe der Streuungsmaße erhält, zu deinen bisherigen Ergebnissen zur Einkommensverteilung in den drei Ländern?

AUFGABE 7 **In einer Schokoladenfabrik werden Schokoladenosterhasen mit einem Sollgewicht von 120 g hergestellt. Bei einer Qualitätskontrolle wurden 16 Hasen gewogen:**

112 g; 118 g; 122 g; 124 g; 126 g; 114 g; 116 g; 122 g; 115 g; 120 g; 119 g; 117 g; 116 g; 124 g; 122 g; 113 g

Welche Grammangabe würdest du auf die Hasen schreiben? Begründe.

TESTEN

Das 3-fach-Prinzip für bessere Noten:

Wissen • Üben • Testen

„Einfach klasse in" – die Lernhilfe mit den drei Lernbausteinen und echten Klassenarbeiten für eine gezielte Vorbereitung!

Deutsch

Deutsch 5. Klasse
ISBN 978-3-411-72152-8

Deutsch 6. Klasse
ISBN 978-3-411-72162-7

Deutsch 7. Klasse
ISBN 978-3-411-72252-5

Deutsch 8. Klasse
ISBN 978-3-411-72262-4

Deutsch 9. Klasse
ISBN 978-3-411-72412-3

Deutsch 10. Klasse
ISBN 978-3-411-72422-2

Englisch

Englisch 5. Klasse
ISBN 978-3-411-72132-0

Englisch 6. Klasse
ISBN 978-3-411-72142-9

Englisch 7. Klasse
ISBN 978-3-411-72272-3

Englisch 8. Klasse
ISBN 978-3-411-72282-2

Englisch 9. Klasse
ISBN 978-3-411-72592-2

Englisch 10. Klasse
ISBN 978-3-411-72602-8

Mathematik

Mathematik 5. Klasse
ISBN 978-3-411-72172-6

Mathematik 6. Klasse
ISBN 978-3-411-72182-5

Mathematik 7. Klasse
ISBN 978-3-411-72432-1

Mathematik 8. Klasse
ISBN 978-3-411-72442-0

Mathematik 9. Klasse
ISBN 978-3-411-72572-4

Mathematik 10. Klasse
ISBN 978-3-411-72582-3

Jeder Band:

- 128 Seiten (Spanisch 96 S.)
- kartoniert
- mit Umschlag-klappen

Französisch

Französisch 1. Lernjahr
ISBN 978-3-411-72741-4

Französisch 2. Lernjahr
ISBN 978-3-411-72751-3

Französisch 3./4. Lernjahr
ISBN 978-3-411-72821-3

Latein

Latein 1. Lernjahr
ISBN 978-3-411-72721-6

Latein 2. Lernjahr
ISBN 978-3-411-72731-5

Latein 3./4. Lernjahr
ISBN 978-3-411-72811-4

Spanisch

Spanisch 1. Lernjahr
ISBN 978-3-411-73821-2

Spanisch 2. Lernjahr
ISBN 978-3-411-73811-3

Wie gefällt dir dieses Buch? Sag uns deine Meinung unter: **www.schuelerlexikon.de/meinung**

Stichwortfinder